ネコの気持ちが わかる 89の秘訣

「カッカッカッ」と鳴くのはどんなとき？
ネコは人やほかのネコに嫉妬するの？

壱岐田鶴子

SB Creative

著者プロフィール

壱岐田鶴子（いき たづこ）

獣医師。神戸大学農学部卒業後、航空会社勤務などを経て渡独。2003年、ミュンヘン大学獣医学部卒業。2005年、同大学獣医学部にて博士号取得。その後、同大学獣医学部動物行動学科に研究員として勤務。動物の行動治療学の研修をしながら、おもにネコのストレスホルモンと行動について研究する。2011年から、小動物の問題行動治療を専門分野とする獣医師として開業。おもな著書は『ネコの「困った!」を解決する』（サイエンス・アイ新書）。

http://www.vetbehavior.de/jp/

本文デザイン・アートディレクション：クニメディア株式会社
イラスト：まなか ちひろ (http://megane.boo.jp/)
校正：曽根信寿

はじめに

　ネコと人との最初の出会いは、およそ1万年前と考えられています。ネズミや小鳥などの獲物を捕らえ、収穫された穀物に被害が及ばないようにすることぐらいしか人の役に立たなかったネコですが、昔も今も、ネコはそのしなやかな体の動きや見た目の愛らしさで人を魅惑・翻弄してきました。その過程はどうであれ、ネコと人とはお互いの魅力に惹かれ、長い時間をかけてその距離を徐々に縮めながら歩み寄り、現在の繋がりができたといえます。

　こうして、いまやすっかり人間社会に定着し、とても身近にいる動物であるにもかかわらず、**ネコについては、まだまだわからない謎や、誤解されていることがたくさんあります**。たとえば、ネコは単独で狩りをするため、単独生活を好み、コミュニケーションが乏しい動物だと思われがちです。しかし、よく観察してみると、ネコがいかに表情豊かで、その瞬間の気持ちを体全体で目一杯表しているかわかります。仲良しネコとはもちろんのこと、仲良しではないネコとも、無駄ないさかいを避けるために巧みなコミュニケーションを取っています。

ネコ同士のコミュニケーション方法を知ることは、人がネコと暮らしていくうえでとても大切です。ネコは**人に対しても、同じようにコミュニケーションをとっていることがよくあるから**です。ネコはとても賢い生き物なので、人と暮らしていくうえで日々学習し、人との独自のコミュニケーション法も身に付けてきました。しかし、せっかくネコからシグナルが発信されても、それを私たちが見逃したり、読み取ったり（受信）できなければ、なんの意味もありません。コミュニケーションは、一方通行では成り立たないからです。ネコのコミュニケーションの取り方、ネコ本来の習性や行動の意味がわかれば、飼いネコや通りで出会うノラネコを見る目も変わり、ネコの気持ちを察することも難しくありません。

　ネコの気持ちを100％理解することは、とうてい無理ですが、近年、ネコの行動の研究も進み、いままでわからなかった多くの疑問も解き明かされてきています。そこで、本書では、**ネコの科学的な最新の研究成果**を取り入れ、イラストを交えて「ネコの行動」についてわかりやすくまとめてみました。

　第1章では、ネコの表情、しぐさや鳴き声の意味、第2章ではネコ同士、第3章ではネコと人とのコミュニケーションの取り方について説明しています。第4章では、ネコが多くの時間を費やす行動——寝る、毛づくろい、捕食・食べる、繁殖行動にスポットを当て、「なぜネコはあんな行動をとるのだろう？」という、その行動の裏に

ある意味について解説しています。ネコの飼い主さんにとって、知っておくと役に立つ内容を心がけました。そして、最後の第5章では、気になるネコの体の秘密について取り上げました。

　ネコは、いつも自分の意思をもって自立しています。小さくても、人に食餌をもらっていても、ネコはいつでも人間と対等で、決してつないだりケージに入れて飼ったりはできません。「飼う」というより「一緒に暮らす」という言葉がぴったりです。ネコのことを知っている人には、ネコは理想的な「小さな同居人」ですが、ネコのことをあまり知らない人にとっては、ネコは気まぐれでなにをしでかすかわからない「小さな野獣」に映るかもしれません。**ネコといつまでも仲良く同居生活を続けるには、ネコをもっと理解し、察してあげることが大切**です。あなたがネコのことを知れば知るほど、ネコの気持ちを理解しようとすればするほど、ネコもあなたに心を開き、ネコとのきずなもいっそう深まります。

　近年、飼いネコの寿命は飛躍的に延びています。ネコとのつきあいは、今後ますます長くなっていくでしょう。この本が、ネコとの幸せな関係を築くヒントに少しでもなればうれしく思います。

　最後になりましたが、本書の刊行をサポートしてくださった科学書籍編集部の石井顕一さん、イラストレーターのまなかちひろさんに心から感謝いたします。

2015年1月　壱岐田鶴子

CONTENTS

はじめに……3

第1章　ネコの表情・しぐさ・鳴き声の意味……9
- 01　目で表すシグナルの意味は?……10
- 02　耳で表すシグナルの意味は?……14
- 03　ひげを動かす意味は?……16
- 04　尻尾を立てるのはどういう意味?……18
- 05　尻尾の位置で気持ちがわかるの?……20
- 06　尻尾を振るのはどういう意味?……22
- 07　攻撃ポーズと守りのポーズは?……24
- 08　威嚇ポーズとはどんなポーズ?……26
- 09　ネコにはどんな鳴き声があるの?……28
- 10　「ゴロゴロ」とのどを鳴らすのはどんなとき?……30
- 11　「グゥグゥグゥ」と鳴くのはどんなとき?……34
- 12　威嚇や攻撃をするときの鳴き声は?……36
- 13　「ニャー」「ニャーン」「ニャオー」はなにがいいたい?……38
- 14　「カッカッカッ」と鳴くのはどんなとき?……42
- Column01　ネコは妊婦にとって危険なの?……44

第2章　ネコ同士のコミュニケーション……45
- 15　なぜネコは自分のにおいをつける?……46
- 16　おしっこのマーキングはなんのため?……48
- 17　仲良しネコ同士のコミュニケーションは?……50
- 18　なめ合うのは仲が良い証拠?……52
- 19　ネコにも社会的距離があるの?……54
- 20　ネコのなわばりはなんのためにある?……56
- 21　ネコのなわばりの大きさは?……58
- 22　メスとオスでなわばりの広さは違うの?……60
- 23　ネコがなわばりの境界で出会ったときのルールは?……62
- 24　ネコ同士のケンカのルールは?……64
- 25　ネコはなんで夜に集会するの?……66
- 26　飼いネコにもなわばりはあるの?……68
- 27　ネコ同士でなわばりを共有することはあるの?……70
- 28　ネコにもイヌのようなランクづけがあるの?……72
- 29　飼いネコにもランクづけはあるの?……74
- Column02　ネコに歯磨きは必要なの?……76

ネコの気持ちがわかる89の秘訣

「カッカッカッ」と鳴くのはどんなとき? ネコは人やほかのネコに嫉妬するの?

第3章　ネコと人とのコミュニケーション ... 77

- 30　大好きな飼い主とのコミュニケーション方法は？ ... 78
- 31　前肢でモミモミするのはなぜ？ ... 82
- 32　飼い主にお腹を見せる理由は？ ... 84
- 33　なぜパソコンのキーボードや新聞の上に乗ってくる？ ... 86
- 34　人との社会的距離はどれくらい？ ... 88
- 35　なぜ人に懐かないネコがいる？ ... 90
- 36　お客さんがくるとコソコソ隠れるのはなぜ？ ... 82
- 37　撫でられた後、毛づくろいしたりするのはなぜ？ ... 94
- 38　ネコは男性より女性が好きなの？ ... 96
- 39　ネコは人やほかのネコに嫉妬するの？ ... 98
- 40　ネコは人ではなく家につくって本当？ ... 100
- 41　人がネコを飼うメリットは？ ... 102
- Column03　ネコの年齢を人の年に換算する方法は？ ... 104

第4章　ネコの行動の秘密を解き明かす ... 105

- 42　ネコは1日なにをしているの？ ... 106
- 43　ネコはなぜいつも寝ているの？ ... 108
- 44　ネコの眠りのサイクルは？ ... 110
- 45　眠る場所や寝相に意味はある？ ... 114
- 46　なぜ用意したネコベッドで寝てくれない？ ... 116
- 47　ネコは寝たふりをすることがあるの？ ... 118
- 48　あくびをするのは眠いから？ ... 120
- 49　なぜ起きた後、大きく伸びをするの？ ... 122
- 50　なぜネコは日向ぼっこが好きなの？ ... 124
- 51　毛づくろいするのはなぜ？ ... 126
- 52　毛づくろいのやり方は？ ... 128
- 53　ネコは生まれつきのハンターなの？ ... 130
- 54　狩りのやり方は？ ... 132
- 55　なぜ獲物を殺さず放り投げて遊ぶの？ ... 134
- 56　なぜ捕まえた獲物を家に持ち帰るの？ ... 138
- 57　なぜネズミと仲良しのネコがいる？ ... 140
- 58　なぜチョコチョコと1日に何度もフードを食べるの？ ... 142
- 59　飼いネコには1日に何回ぐらい食餌をあげればいいの？ ... 144
- 60　ネコはどんな味がわかるの？ ... 146
- 61　なぜ太り気味の飼いネコが増えているの？ ... 148

CONTENTS

- 62 ネコは1日にどれぐらいのエネルギーが必要？……152
- 63 どんな食餌を与えればいちばんいいの？……154
- 64 市販のキャットフードを選ぶポイントは？……156
- 65 高齢ネコの食餌はどこに気をつければいいの？……159
- 66 ネコは食べ物の好き嫌いが激しい？……164
- 67 フードに口をつけないのはまずいから？……166
- 68 なぜムシャムシャ草を食べるの？……168
- 69 なぜ水道の蛇口の水を飲みたがる？……170
- 70 ネコはミルクを飲めるの？……174
- 71 なぜネコはマタタビで興奮するの？……176
- 72 ネコは発情するとどうなるの？……178
- 73 なぜオスネコは交尾のときにメスネコの首筋を咬む？……180
- 74 メスネコはどうやってお相手のオスネコを選ぶ？……182
- 75 ネコにも同性愛があるの？……184
- 76 避妊しないとネコの数はどれぐらい増える？……186
- Column04 ネコが高齢になったサインは？……188

第5章 ネコの体の秘密を解き明かす……189

- 77 ネコの体はなぜやわらかいの？……190
- 78 ネコの毛の種類は？……192
- 79 ネコのすさまじいジャンプ力の秘密は？……194
- 80 なぜ高いところから落ちてもうまく着地できる？……196
- 81 ネコの高所落下症候群とは？……198
- 82 なぜネコは狭いところを通れる？……200
- 83 なぜネコはイヌよりネコパンチが得意？……202
- 84 ネコの爪は出し入れ自由なの？……204
- 85 キャットウォークの秘密は？……206
- 86 肉球はなんのためにあるの？……210
- 87 ネコの前肢にひげが生えているのはなぜ？……212
- 88 ネコに帰巣能力や飼い主を探し当てる能力はあるの？……214
- 89 人の死を予知できるネコがいるの？……216
- Column05 高齢ネコが快適に過ごせる環境は？……218

参考文献……219

索引……220

第 1 章

ネコの表情・しぐさ・鳴き声の意味

01

目で表すシグナルの意味は？

ネコの顔の表情を表す決め手になるのは、目と耳とひげです。まずはこれらを、1つ1つ見ていきましょう。「目は口ほどにものをいう」といいますが、ネコの目からは、どんなシグナルを読み取れるのでしょうか？

まず、ネコの目の特徴です。ネコの目は、頭蓋骨の大きさに対してとても大きく、瞳孔が大きく開くことでたくさんの光を取り入れられます。瞳孔が瞬時（1秒以内）に変化することで、光の量を調節しているのです。このため、瞳孔は暗いところでは真ん丸に大きくなり、明るいところでは縦線状に細くなります。さらに、まぶたを細めることで縦線状の瞳孔をより小さくできます。

網膜の外側にある黄色に近い**タペタム**という細胞層は、網膜を通過した光を反射するので、さらに光を増強する効果があります。このため、ネコは暗闇でもわずかな光があれば、付近（2〜6m）にいる獲物の動きに合わせて素早く焦点を合わせられます。

このように、ネコの目の構造は、暗くなってから狩りをするという、ネコ本来の習性に都合がよいようにできているのです。

しかし、周囲の明るさが変わらないのに瞳孔の大きさが変わることがあります。これは、**感情の変化**を表しています。食べ物を見て一瞬喜んだとき、遊んで興奮したとき、怖いときなどは、アドレナリンが分泌されるため瞳孔が大きくなります。反対に、ネコが自信に満ちた攻撃ポーズを見せ、にらみの効いた鋭いまなざしで相手をにらみつけるときには瞳孔は細くなります。こんなとき、相手が**負けのポーズ**（24ページ）を取れば、ケンカになることは、まずありません。

第1章 ネコの表情・しぐさ・鳴き声の意味

ネコの目の構造

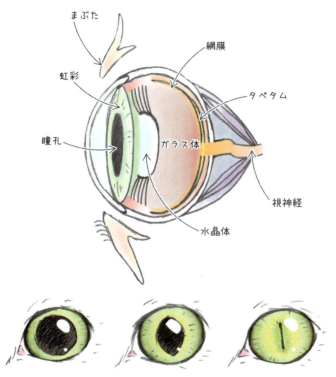

ネコの瞳孔の大きさは、周りの明るさだけでなく感情によっても変化する。ネコの瞳孔が縦線状に細くなるのは、草の隙間からでも獲物がよく見えるようにという説もある

瞳の大きさ	真ん丸	通常	細い
周りの明るさ	暗い	普通	明るい日差し
感情	興奮・喜び・驚き・怖いときなど	平常	攻撃体勢

ゆっくりまばたきしているネコは敵意なし

　飼いネコのなかには、飼い主と目が合うと、喜んで飛んでくるようなネコもいます。これは人と暮らすうちに、目と目を合わせるコミュニケーションを学習したからです。食餌をねだるときなどに、まるで「お願い」といっているような大きな瞳で見つめられれば、ほとんどの飼い主は決して嫌とはいえないですから……。

　実は本来、ネコは相手と視線を合わせることを嫌います。近くからじっと見つめられると緊張する飼いネコもいます。ましてや知らないネコをじっと見つめるのは脅しているのも同然なので、友好的なコミュニケーションの手段とはいえません。

　このため、知らないネコを見るときは、見ていることをなるべく悟られないようにしましょう。ネコから30〜40cmは離れたところを横目や薄目で見たり、ゆっくりまばたきをしたりすると、ネコの緊張がやわらぎます。

　視線をそらすのは「ケンカする気はないよ」という意思表示ですが、ゆっくりまばたきするのは、視線をそらすほど緊迫した状態ではなく「仲良くなりたいなぁ」という意味が込められています。人の微笑みに似たような効果があるとも考えられています。**ネコがあなたにまばたきを返してくれれば、ネコに敵意はないでしょう。**ただし、ネコがすでに怯えたり、威嚇するような状況では、視線をそらすほうが無難です。

　劣位のネコが優位なネコに出会うと、視線をそらし「ケンカする気はないよ」と意思表示をしますが、目を閉じることもあります。これは、その場の緊張をやわらげるためでもありますが、「目を閉じるほど信頼しているので、攻撃しないで」という気持ちも込められています。

第1章 ネコの表情・しぐさ・鳴き声の意味

　また、警戒中のネコは、まぶたをしっかりと開いていますが、まぶたを半分ぐらい閉じて目を細めているネコは、リラックスしています。

😺 通常時の目

😺 リラックス時の目

目を細めていればリラックスしているということ。ゆっくりするまばたきは「微笑み」に似た効果がある。人に正面からじっと見つめられて緊張し、視線をそらしたり目を細めて緊張をほぐそうとするネコもいれば、視線を合わせて飼い主になにかを催促するネコもいる

02

耳で表すシグナルの意味は？

　ネコの耳は32もの筋肉（人は6つ）からできています。頭を動かすことなく左右の耳を別々に180度動かすことができ、顔の表情をとても豊かにしています。聞き取れる音の周波数は、約7万Hz（人は2万Hz）までで、人には聞こえないような周波数の高い超音波も聞き取れます。このため、ネコは20m先のかすかなネズミの鳴き声とその音源を正確にキャッチできるといわれています。

　ネコは、音をキャッチするために耳をアンテナのように自由自在に動かせるので、気になる音がすれば、耳をピンと立てて音がするほうへ向け、集中してその音源を探ります。ちょっと緊張した様子で、ピンと立てた耳をピクピク動かしているのは、私たちには聞き取れない音を聞いているのでしょう。

　しかしネコが耳を動かすのは、**音源をキャッチするためだけではなく、気持ちも表しています**。怒りに満ちた攻撃モードのネコは、耳を立てたまま外側に向け、自分の耳の後ろ側ができるだけ相手にたくさん見えるようにして脅します。同時に瞳孔が細くなれば、まさに攻撃直前。

　しかし、実際にネコがこのような表情を見せることはまれで、ほとんどの場合、不安が混じり合った表情を見せます。ネコの耳は外側を向きながらも、横に寝かし気味に……。こんなとき、ネコは怖くて仕方ないのですが、「フーッ、ハーッ」といいながら相手を威嚇し、必要であれば攻撃に出ることもあります。

　さらに耳を後ろに寝かし、前からまったく見えないような状態であれば、恐怖心は最高潮に達しています。ネコは体を小さくして耳を隠し、できることならその場から姿を消したいという気持

ちなのでしょう。

　また、ネコ科の中でも耳が長く、先に長い毛が生えているオオヤマネコ（リンクス）などは、一段と耳の表情が豊かです。これは尻尾が短いため、尻尾のシグナルの乏しさを補っているのではと考えられています。

　余談ですが、多くの野生のネコ科動物の耳の後ろには**虎耳状斑**（こじじょうはん）と呼ばれる白い斑点が見られます。これは子ネコが後ろから母ネコを追いかけるとき、母ネコを見失わないための目印と考えられていますが、威嚇時の耳のシグナルを強調する役目もあります。

耳の動きによって感情を読み取れる。ちなみに多くの野生のネコ科動物、たとえばサバンナキャットは耳の後ろに白い斑点があり、この斑点で脅す。子ネコが母ネコを見失わないための目印でもある

03 ひげを動かす意味は？

ネコのひげは、平均すると左右に24本生えているといわれています。触毛(しょくもう)と呼ばれるだけあり、ちょっと触れるだけでとても敏感に反応し、そのシグナルが素早く脳に伝えられます。これは、ひげの毛根部が、**普通の毛よりも皮膚の深い位置にある毛包(もうほう)にあるから**です。ここには、血管や神経が集中しています。触毛は、ひげのほかに、目の上や頬、あご、前肢の後ろ側にも生えています。

ネコは触毛を使って空気のわずかな流れを感知し、周りの大まかな空間構造を「見る」ことができます。このため、ネコは暗闇の中でも障害物に当たることなく、スイスイ歩けるのです。

ひげが障害物に当たれば、反射的に目を閉じて目を守る役割もあります。また、自分の体が狭い隙間を通れるかどうかをひげで測って、とっさに判断することもできます。

ネコは、ネズミなどの獲物をくわえたとき、目の前のものがはっきりとは見えませんが、ひげでネズミの毛の向きを素早く察知し、どこにとどめの噛みつきをするのかを瞬時に判断します。

このように、ひげは**重要な役割をもった感覚器官**ですから、もし間違ってひげを切ってしまうようなことがあれば、たいていのネコは戸惑い、平衡感覚や距離感覚に支障がでたり、なによりも精神的にダメージを受けます。

ひげの毛包には横紋筋と呼ばれる筋肉があるので、ネコはひげを動かすことができ、気分の変化も表しています。普段はリラックスして左右に伸びているひげですが、ネコがなにかを興味ありげに見たり、探索中や遊んでいるなど活動的なときは、ひげが左

右へ扇形に広がり、前に向けられます。攻撃モードのときのひげも同様です。

　反対に、不安なときや怖いとき、ひげは頬にくっつけるように後ろに向けられます。また、ネコが怖いのを我慢して「フーッ、ハーッ」と威嚇するとき、ひげは口の動きに合わせて扇形に左右に大きく広がり、威嚇の表情を強調します。

ひげにはいろいろな役割があり、ひげの向きで気分も表す。活動時や攻撃モード時のひげは前向き（左）。怯えているときは、なるべく小さく見えるように、ひげも頬に沿って後ろ向き（右）

威嚇するときは怖い顔をひげでより強調している

04

 尻尾を立てるのはどういう意味？

　仲良しのネコ同士は、尻尾を垂直にピンと立てて（先端は相手のほうに向かってやや曲がっていることもあります）近寄り、鼻先を合わせたり、顔や体の側面をこすり合わせてあいさつします。この親愛を示すあいさつは、メスネコが発情して尻尾（おしり）を上げるときのポーズからきているという説があります。

　しかし、有力なのは「子ネコが母ネコにおしりをなめてもらうために尻尾を上げるポーズのなごり」とする説です。自分でまだうまく排泄できない子ネコは、尻尾をピンと上げて母ネコにおしりをなめてもらいます。母ネコが帰ってきたときに、子ネコがうれしくて尻尾を上げて迎えるポーズが、ネコがグループで生活する過程で、**親愛を示すあいさつのポーズへと変化していった**のではと考えられています。

　この尻尾立てあいさつは、どちらかというとランクの高いネコよりランクの低いネコ、また、オスネコよりメスネコ（特にオスネコに対して）によく見られます。「わたしは友好的よ……」と、敵意がまったくないことを示すサインでもあるからです。4〜5m離れたところから尻尾を立ててサインを送れば、相手のネコは離れた場所からそのサインを素早く、視覚でとらえられます。

　ちなみに、ネコ以外で尻尾立てあいさつをするネコ科の動物は、グループで生活するライオンのみなので、これは**グループで暮らすネコ科動物特有のあいさつの手段**ともいえるでしょう。

　ネコは、飼い主が外出先から帰ってきたとき、尻尾を上げながらうれしそうに近寄ってきて、足にまとわりつき、頭や体をスリスリしてきます。これは、仲良しのネコ同士のあいさつと同じで、

あなたをグループの一員として認めた、親愛の情を示すあいさつです。飼い主が食餌をあげようとすると、ネコはやはり同じようなしぐさを見せますが、こんなときはすっかり「子ネコモード」になって、母ネコに甘えるように待ちきれない気持ちで「早くごはんをちょうだい」と催促しているのでしょう。

尻尾立てあいさつは、子ネコが母ネコを迎えるときのあいさつのなごりともいわれる。「お母さん、おかえりニャー。早くごはんちょうだい」

尻尾を立てるのは、敵意のないサイン

尻尾の位置で気持ちがわかるの？

　尻尾の長さは、ネコ種によって長いものと短いものがあり、形もカギ型などいろいろです。尻尾は14〜28個（通常は20〜23個）もの尾椎という骨からなり、とてもしなやかな動きをします。ネコは速く走るときに尻尾で舵をとり、ジャンプや着地のときも、尻尾でじょうずにバランスをとっています。このように**バランス感覚を保つうえで重要な役割を果たす尻尾ですが、感情の変化も表しています**。もちろん、感情はそのときの状況や体全体のポーズから総合的に判断する必要がありますが、尻尾のサインは目に付きやすいのでとても参考になります。

　普段、リラックスしているときのネコの尻尾は、自然に下に伸びていますが、少し興味のあるものを見つけたときには緩いカーブで少し上げられます。攻撃モードのときの尻尾は、根元だけが水平に、その先は垂直に下に伸びています。防衛モードが強まるに従い、つまり、恐怖心が大きくなるにつれて、尻尾の根元は上に上げられます。尻尾がまっすぐ上に立っているのは最大の威嚇モードです。つまり、怖いけれども強がって自分を大きく見せているときです。このときは「尻尾を立ててのあいさつ」の尻尾とは違い、尻尾の毛が逆立ち、たぬきの尻尾のようにふくらんでいます。

　逆に、体を小さく見せるために尻尾を後ろ足の間に隠しているのは、怖がっている証拠。「お願いだから、なにもしないでちょうだい……」とアピールしており、できれば、その場から一目散に逃げたいというのが本音でしょう。

　余談ですが、尻尾のないネコ種であるマンクス（Manx）は、隔

離された島(英国・マン島)での近親交配のせいか、突然変異で発生したと推測されています。尻尾のないことが、運動機能やコミュニケーションのなんらかの妨げになっているのかは、はっきりわかっていませんが、無尾遺伝子は致死遺伝子でもあるため、まったく尻尾のないマンクス同士の交配は子ネコの死亡率が高く、脊椎(せきつい)に先天性の奇形があり、神経障害が見られるケースもあります。このため、マンクスの繁殖を禁止している国もあります。

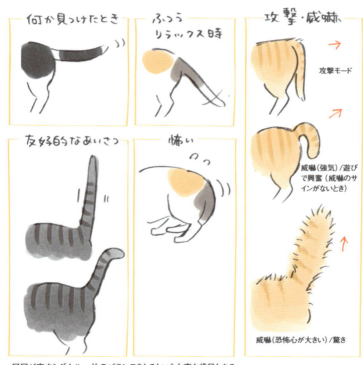

尻尾が表すシグナル。体のバランスをとるという大事な役目もある

06 尻尾を振るのはどういう意味？

　ネコが尻尾の先だけをピンピンと左右に振るのは、興味や興奮の度合いを表しています。たとえば、ネコがなにか興味のあるもの(獲物やおもちゃ)を見つけ、身体を低くして狙っているときなどは、尻尾の先だけをピンピン動かして、獲物を捕るチャンスをうかがっています。

　尻尾を根元から左右にブンブンと振るのは、葛藤を表しています。たとえば、外にパトロールに行きたいけれど、なにかに妨げられて(出口が閉まっているなど)行けないときなど、ネコはドアの前で「外に行きたいけど出られない」と大きく尻尾を振りながら葛藤しています。

　散歩中にどちらに行こうか迷っているときや、相手のネコと向かい合って、逃げようか攻撃しようか迷っているときなども、大きく尻尾を振ります。最初はゆっくり振っていた尻尾を、だんだん激しくムチのように振りだせば、感情が高ぶり、いらだってきた証拠です。

　人に撫でられているときに尻尾を振るのも「もうそろそろやめて欲しい」という気持ちと「でも気持ちいいから、もうちょっとだけ撫でてもらおうか」という気持ちが葛藤しています。こんなときはイライラし始めているので、それ以上いらだたせないように、引っかかれる前に撫でるのをやめるほうがよさそうです。

　また、ネコは寝ているときに名前を呼ぶと、よく尻尾だけ振って返事することがありますが、これも飼い主のところに行って「飼い主の相手をしてやろうか」という気持ちと、「でも眠いからそのまま寝ていたい」という葛藤にネコが陥っているのでしょう。

第1章 ネコの表情・しぐさ・鳴き声の意味

　尻尾は、体を動かすときのバランスをとるのに大きな役割を果たしていますが、**心のバランスを保つ役割をしているともいえる**のです。

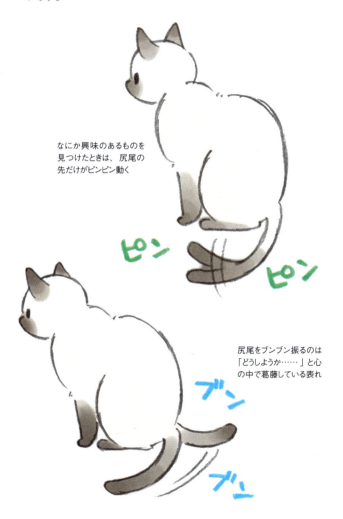

なにか興味のあるものを見つけたときは、尻尾の先だけがピンピン動く

尻尾をブンブン振るのは「どうしようか……」と心の中で葛藤している表れ

攻撃ポーズと守りのポーズは？

　ここまで、顔と尻尾の表情を見てきましたが、体勢も合わせてネコの気持ちを見てみましょう。ネコの気持ちは、顔の表情、尻尾の位置や動き、全体のポーズ、そしてそのときの状況すべてを合わせて、判断することが大切だからです。

　ネコ社会には、2匹のネコが出会ったときに無駄なケンカを避けるため、**暗黙のポーズ**があります。このため、ネコは致命傷を負うような激しいケンカをすることはめったにありません。

　まず、典型的な攻撃ポーズは、四肢をしっかり伸ばし、腰を高くした堂々とした体勢です。これは、去勢していないオスの成ネコによく見られ、尻尾は根元だけが背中に沿って少し上がり、その先は垂直に下に伸びています。耳はピンと立て、耳の後ろ側が見えています。瞳孔は縦に細くなり、相手をにらみつけ、勝ったも同然の**勝ちのポーズ**といえます。

　守りのポーズのネコは、頭を引き四肢を曲げて体を低くし、逃げ腰の体勢です。尻尾は体の下にしまいこみ、耳も寝かせ、なるべく体を小さく見せようとします。このとき、アドレナリンが分泌され瞳孔が開いています。怖くて、できればその場から一目散に逃げてしまいたいという気持ちの、負けたも同然の**負けのポーズ**です。

　この守りのポーズは、人に向けられることもよくあります。そんなとき、それ以上ネコに近づくのはタブーです。負けのポーズといっても、逃げ場がなければ、そのポーズからネコはひっくり返って、前肢の武器（爪）をだし、身を守ろうと必死に防衛するからです。

自信満々の堂々とした「勝ちのポーズ(やる気満々ニャー)」(上)と「負けのポーズ(怖いから、できれば逃げたいニャー)」(下)

左のネコは攻撃体勢。耳を立てて相手をにらみつけ、尻尾をときおり左右にブンブン振る。「邪魔なやつは攻撃するニャー」。右のネコはひっくり返って防御するネコ。耳は寝かせ、尻尾は丸めてしっかり隠している。「やめてニャー。それ以上近寄ったらネコパンチするニャー」

08 威嚇ポーズとはどんなポーズ？

　ネコ同士の関係は、必ずしも勝ちのポーズと負けのポーズだけで片が付くわけではありません。お互いに譲らない場合もあるので、その中間の**威嚇ポーズ**があります。中間の威嚇ポーズは、背中を弓なりに丸めて**ネコ背のポーズ**をし、体を横向きにして立ち、精一杯に体を大きく見せ、はったりを効かせています。

　このとき、心臓はどきどきして、アドレナリンが分泌され、瞳孔が大きくなり、毛包にある立毛筋（193ページ参照）が収縮することで尻尾や背中の毛が逆立ちます。相手にさらに大きく見せることで威圧感を与えるためです。本当は怖くて仕方ないので、このポーズで相手を威嚇し、争いを避けようとしているのです。室内で飼われているネコが、なにかに急に驚いたときにも、反射的にこのポーズを見せることがあります。

　威嚇ポーズとひと口にいっても、その体勢によって攻撃か防衛（守り）か、どちらの気持ちに傾いているのかが微妙に違ってきます。後ろ足をしっかりと伸ばし、腰を高くしていれば攻撃、後ろ足を少し曲げて腰を引き、逃げ腰になっていれば防御です。

　また、表情や尻尾の位置でもわかります。耳を後ろに寝かせたり、ふくらんだ尻尾を下に丸め込んで隠していれば、内心は怖くてビクビクしている本音が読み取れます。反対に、耳が立っていたり、ふくらんだ尻尾が逆U字のようであれば、怖いけれども、相手の出方によっては攻撃しようとやる気満々です。ふくらんだ尻尾が上を向いているのは、攻撃と防衛の気持ちがどちらも最高潮に達したときです。

　ネコは威嚇ポーズと同時に、威嚇の声やうなり声（36ページ

第1章　ネコの表情・しぐさ・鳴き声の意味

参照）を発することもあります。

　なお、ネコはネコ背のポーズを、寝起きのストレッチ体操としてすることがあります。人のヨーガの**ネコのポーズ**にもありますね。このときは、首も下向きにしっかりとストレッチし、威嚇していないので、毛も逆立っていません。

攻撃　←―――――――――――――――→　防御

威嚇ポーズでも、耳や尻尾の位置で攻撃か防御か微妙にニュアンスが変わる

「ネコ背のポーズ」（左）と、「ネコ伸ばしのポーズ」（右）。ネコ背のポーズは威嚇ではなく、寝起きのストレッチ体操のこともある

09 ネコにはどんな鳴き声があるの？

　意外に思われるでしょうが、ネコの鳴き声は哺乳類のなかでも実に多様で、スペクトログラムを使ってネコの鳴き声を分析すると、23種類もの音声を区別できるそうです。しかし、残念ながら人の耳では、これらの鳴き声をすべて区別することはできません。

　鳴き声でのコミュニケーションは、ネコ同士だと、母ネコと子ネコの間、成ネコでは発情期、また威嚇や攻撃時に感情を表すときにかぎられます。ネコ同士の「日常会話」は、においやボディランゲージが使われるからです。

　人と暮らすネコは、鳴き声が人の気を引くとても有効な手段であることを学習し、人に「話しかけて」きます。ネコの鳴き声は、会話することで意思の疎通を図る人にとっても、**ネコの気持ちを読み取るうえでとても大切なシグナル**です。ボディランゲージや、そのときの状況なども合わせ、ネコがなにをいおうとしているのか、鳴き声に耳を傾けてみましょう。

　ここでは、よく耳にするネコの鳴き声を、わかりやすく3つのグループに分類しました。ネコの鳴き声は、口の開け具合や音の高さ（周波数）によって分類できます。

① **「ゴロゴロ」や「グゥグゥ」という、口をほとんど閉じたまま発して、のどを鳴らす音。たいていは、気分がいいときの鳴き声です。**
② **「シャー、ハーッ、フーッ」など、口を開けたまま発せられる威嚇時の音。「ウゥ～、ウォ～」など攻撃寸前のうなり声や、「フギャァ～」という攻撃時の叫びなど、激しい感情を表し**

第1章 ネコの表情・しぐさ・鳴き声の意味

ます。
③「ニャン」「ニャーン」という、一般的によく耳にするネコの鳴き声。口を開けて、その後、口を閉めます。飼いネコの人に対するコミュニケーションの手段としてよく使われます。

それでは、次項から1つ1つ見ていきましょう。

ネコの鳴き声は、「ゴロゴロ」や「グゥグゥ」、「シャーッ、ハーッ、フーッ」や「ウゥ～、ウォ～」「フギャア～」、「ニャン」や「ニャーン」などいろいろだ

10 「ゴロゴロ」とのどを鳴らすのはどんなとき？

　ネコは、安心しきって心地よいとき「ゴロゴロ」と口を閉じたままのどを鳴らします。生まれて間もない子ネコは、母ネコのオッパイを飲みながら、息を吸うときも吐くときにも、持続的にこの音を出せます。母ネコは、子ネコから発せられるゴロゴロの振動を感じ取れると、安心して目を閉じることができ、子ネコも母ネコが発するゴロゴロの振動を感じたり、聞いたりすることで安心します。

　このようにネコのゴロゴロは、**母ネコと子ネコのコミュニケーションに大事な役割**を果たしており、子ネコはある程度大きくなっても、成ネコに遊んで欲しいと、近寄りながらゴロゴロとのどを鳴らしたりします。また、成ネコ同士が近づくときに、「ケンカする気はないよ」というメッセージを込めてゴロゴロを発することもあります。

　このメカニズムは、これまでいろいろ論じられてきましたが、喉頭が音源であることは間違いなさそうです。呼気と吸気が流れる際に、喉頭を形成する筋群が急速にけいれんし、声門をリズミカルに振動させることでゴロゴロ音が発生するという説です。ゴロゴロ音が出ているときは、呼吸数も通常より早くなります。

　この喉頭筋の動きは、中枢神経系に存在する**中枢性パターン発生器**（central pattern generator）と呼ばれる神経回路網で生み出されることがわかっています。不思議なことに、生まれてから死の直前までゴロゴロと鳴くネコがいる半面、同じような環境で育ってもまったくゴロゴロと鳴かないネコもいるので、個体差があります。

第1章 ネコの表情・しぐさ・鳴き声の意味

ネコのゴロゴロは、子ネコと母ネコとの間のコミュニケーションに欠かせない。また、成ネコ同士でも敵意がないことを示すためにゴロゴロすることがある

ヒーリング効果もある？

　病気やケガをしているネコもゴロゴロ音を発することがあるので、気持ちを静めたり、痛みをやわらげたり、骨や筋肉の治癒を促進する効果もあると考えられています。実際、ゴロゴロ音が発せられるときには、脳内麻薬とも呼ばれるベータ・エンドルフィン（快感作用や鎮痛作用もある神経ペプチドの1つ）が脳から分泌されていること、ゴロゴロ音の周波数が骨の再生を促し、骨密度を強化する周波数とほぼ一致することが明らかになっています。

　ところでこのゴロゴロ、人に対してはどんな意味があるのでしょうか？　ネコは飼い主の膝の上に乗ったり、撫でられたりすると、目を細めて満足そうにゴロゴロとのどを鳴らします。まるでオッパイを飲んで幸せだった子ネコのころの気分に浸っているようです。満足しているときはもちろんですが、飼い主を見るとなにかを要求するかのように大きなゴロゴロ音を発しながら近寄ってくるネコもいます。

　平均周波数がおよそ26Hz（20〜40Hz）のゴロゴロ音ですが、飼いネコは通常のゴロゴロ周波数より数段高い音（220〜520Hz）を含むゴロゴロ音を懇願時（特に食べ物を要求するとき）に発することができるという研究結果もあります。この周波数の高いゴロゴロ音は切羽詰まった感じで、ネコが人と暮らすうちに学習したと考えられています。人の赤ちゃんが泣くときの周波数（300〜600Hz）に近いので、人は放っておけない気持ちになるというわけです。人に対しても**満足と要求のゴロゴロを使い分けている**のですね。

　人はネコのゴロゴロの恩恵にあずかることもできます。ゴロゴロ

音を発するネコに触れると、その心地よい振動が緊張をほぐしてストレスを緩和したり、血圧を下げたり、安眠効果があるというのです。鎮痛作用もあり、実際に2010年、オーストリアの医師が、「ネコのゴロゴロセラピー（Katzenschnurr Therapie）」という名で、ネコのゴロゴロの低周波数に基づいた低周波生物学的刺激療法を開発し、慢性の痛みの治療に用いています。

まだ目も開かず、耳も聞こえない生まれたばかりの赤ちゃんネコは、お母さんのゴロゴロという振動だけが頼り。ゴロゴロは、母ネコと子ネコの間、ネコ同士、ネコと人との間でコミュニケーションをとる方法の1つ。ストレスをやわらげたり、鎮痛作用もある

「ゴロゴロ……」「気持ちいいニャー」

11 「グゥグゥグゥ」と鳴くのはどんなとき？

　ネコは、口を閉じたまま鳩が鳴くように「グゥグゥグゥ」と鳴くことがあります。のどを鳴らす「ゴロゴロ」よりは大きな音ですが、あいさつの「ニャン」ほどは大きくなく、ちょうどその中間ぐらいの音といえるでしょう。

　母ネコは、4〜5週間ぐらいの子ネコにネズミなどの小さな獲物をもってきて、「おいで」と呼ぶときにこの声で鳴きます。子ネコはこの母ネコの声を聞くと、安心して喜んで獲物に近づきます。飼いネコが、ネズミなどの「おみやげ」を、飼い主に差しだすときもこの声で鳴くことがあるのは、そのなごりと考えられています。

　この声はネコによって大きな差があり、おしゃべりなネコは「グゥグゥグゥ」とはっきり聞こえる声をだしますが、無口なネコの「グゥグゥグゥ」は、はっきり聞き取れないほど小さな声です。少し離れたところから、仲間のネコや飼い主にあいさつするときや、仲良しのネコが並んで「グゥグゥグゥ」と、まるでおしゃべりするかのように会話することもあり、まさに**仲良しネコのおしゃべり**といってもいいかもしれません。

　この「グゥグゥグゥ」と小さな「ニャン」が組み合わされることもあります。**愛情のこもった相手にだされる声**で、この声をだすときは、気分がよく満足そうな顔つきをしています。

　この「グゥグゥグゥ」という鳴き声は、ほかにもいろいろな状況で発せられます。たとえば、ネコが寝ているときに、ちょっと指で突っついて起こしたりすると、寝ぼけながら「なに？」という感じで「グゥグゥ」とこの声をだしたりします。やはり、リラックスして寝ているときなので気分がよいのでしょう。

第1章 ネコの表情・しぐさ・鳴き声の意味

「グゥグゥニャン」「グゥグゥ……」「グゥグゥグゥ……」「グゥグゥグゥ……」

「グゥグゥグゥ」という鳴き声は、寝ぼけているネコが発するときもある

12 威嚇や攻撃をするときの鳴き声は？

ネコの「シャーッ、ハーッ」という威嚇の声は、爬虫類、とりわけ毒蛇を思いださせます。生まれて数日の、まだ目が開いていない赤ちゃんネコも、誰に教えられることもなく、口を開けて「ハーッ」と威嚇しようとするので（もっとも、まだ歯も生えておらず、ちっとも怖くないのですが……）、**生まれもったネコの習性**といえるでしょう。

このときは、音だけでなく吐きだされる生温かい息や怖い顔つきで相手を威嚇します。このため、人がネコに向かって同じように息を吹きかけると、たいていのネコは嫌がります。

この「シャーッ、ハーッ」という音は、口が比較的大きく開かれ、舌の両端が上に丸まるように上げられ、鋭く息が吐きだされることで発せられます。さらに強く（激しく）息が吐きだされれば、息だけではなく同時に唾が出ることもあります。

内心は怖くてしょうがないのですが、強がっているのです。このとき、場合によっては爪をだして、ネコパンチが飛んでくることもあるので注意が必要です。

ネコ同士のケンカで、攻撃度が高くなると、威嚇の音ではなく「ウゥ〜、ウォ〜」とうなり声が発せられます。興奮度が高まり、うなり声が大きくなるにつれ、口の開き具合も大きくなります。うなり声をだすときは、ネコパンチではなく、咬みついてくることがあるので要注意です。オス同士が激しいケンカをすれば、「フギャァ〜」という大きなかん高い叫び声も発せられます。

それほど緊迫した状態ではなくても、ネコが「ハーッ」ということがあります。たとえば、顔見知りのネコ同士の間で、**優位なネ**

第1章 ネコの表情・しぐさ・鳴き声の意味

コににらまれた劣位のネコが、嫌々その場所を譲るときです。このとき、捨て台詞を残すかのように「ハーッ」っといってその場を去ることもあります。

　飼いネコが、飼い主に対して威嚇の声をだすことはほとんどありませんが、撫でられているときやブラッシング中に、ネコから発せられるシグナル（あなたの手をじっと見たり、耳を横に少し倒したり、尻尾を動かしたりなど）を見過ごすと、ネコのイライラが最高潮に達し、堪忍袋の尾が切れて、ひと言「もういい！」というように「ハーッ」と発することもあります。

舌の両サイドを上に丸め、勢いよく息を吐き出すことで「ハーッ」と威嚇の音をだす

威嚇の声をだすときは、ネコパンチがとんでくることもある。「押さえつけるニャー」

左のネコはイスの上に乗りたいので、にらみを効かせる。右のネコは、ケンカする気はないので、悔しいけれど怖い顔でひと言「ハーッ」といってイスから降りる。左のネコはイスに陣取る

13 「ニャー」「ニャーン」「ニャオー」はなにがいいたい？

　生まれたばかりの子ネコは、寒かったり、お腹が空いたりすると、「ニャーン」というよりも、かん高い声で「ミェ〜ン、ミェ〜ン」と鳴きます。お母さんネコがこの鳴き声を聞けば、すぐに子ネコのもとへとかけつけます。その後も、子ネコは離乳するまで母ネコに「ニャーン」「お腹が空いたよ〜」などと訴えかけます。母ネコも子ネコに対しては、鳴き声で呼んだり、警告したり、なだめたりします。このように「ニャーン」は、**母ネコと子ネコの間の大事なコミュニケーション手段**なのです。

　「ニャーン」は、ネコが人と一緒に暮らすにつれ、人とのコミュニケーション手段としても発達してきました。このため、人にまったく懐いていないネコは、人に対して威嚇の声やうなり声は出しても、飼いネコのように周波数の高い「ニャーン」という声では鳴きません。人に対する「ニャーン」は子ネコのときのなごりで、「子ネコモード」になり母ネコに甘えるような気持ちで、なにかを催促したり、訴えたりしていると考えられています。

　人に対して、短く小さな声での「ニャー」は、挨拶として使われ、「ニャーン」は「ごはんちょうだい」や「ドアを開けて」などの要求、痛いや寒いなどの不満、不安感など、そのときどきのさまざまな欲求や感情を表しています。

　欲求度にともない音声も変わり、欲求度が高くなるほど、鳴き声も大きく長く伸ばされ、そして低いトーンに変わっていきます。

　ネコの飼い主はたいてい、そのときの状況や鳴き声の抑揚などで、飼いネコの「ニャーン」の意味がわかるようです。ネコは鳴くことで、飼い主が自分に注目を向けてくれること、どんな状

同じ「ニャン」でも、鳴き声の大きさや長さ、音のトーンによってニュアンスが変わる。欲求度が高くなるとともに、鳴き声はだんだん大きく長く伸ばされ、低いトーンに変わる

況でどうやって鳴けば飼い主が自分の望みをかなえてくれるかをしっかりと**学習**しています。次第に「語彙」を増やしていくネコもいます。

同じ「ニャーン」でも意味はいろいろ

　ある実験を紹介しましょう。12匹のネコが次ページで示すような5種類の場面で発した「ニャーン」という声（あらかじめ録音した鳴き声）を、28人の学生に聞かせ、どのような状況であるか当ててもらうというものですが、平均の正解率は27％という結果でした。とはいえ、ネコを実際に飼っている学生やネコ好きの学生の正解率は高く、最高の正解率は41％でした。ネコの鳴き声、それも知らないネコの声だけから、ネコの気持ちを判断するのは難しいことがわかります。学習の過程で、**飼いネコとその飼い主にしか理解できない「方言」が存在**することも考えられます。

　しかし、日ごろネコと一緒に暮らす飼い主なら、次ページに示すような日常的な5種類の状況での、飼いネコの「ニャーン」を、その場にいれば聞き分けられると思います。実際にスペクトログラムを使うと、その音声の長さや周波数の変化によって、この5種類の「ニャーン」は、はっきりと区別できます。

　一概に「ニャーン」といっても、その周波数は400〜1,200Hzと広範囲に及び、鳴き声はネコ1匹1匹、個体差があります。大きく口を開けて「ニャーン」といっても、あまり声のでていないネコもいれば、大きな声でよく鳴くネコもいます。声のトーンもさまざまです。

　一般的には年齢とともに、声のトーンは低くなりますが、去勢したオスネコは、去勢していないオスネコより、成ネコになっても高いトーンで「ニャン」と鳴きます。このため、顔に似合わずかわ

いい小さな声で「ニャン」と鳴く、大きなオスネコもいます。人と同じで、おしゃべりなネコ、無口なネコもいます。ネコ種によっても違いがあり、シャムネコやアビシニアンは、おしゃべりなネコ種に挙げられます。

なお、おしゃべりなネコが急に無口になったり、反対に日ごろ無口なネコが頻繁に鳴くようなことがあれば、なんらかの病気の可能性もあります。様子を見て、必要であれば獣医師に相談しましょう。

日常的な5種類の状況での飼いネコの「ニャーン」

1. ごはんをもらうときの「ニャーン」

2. スリスリしながら飼い主を出迎えるときの「ニャーン」

3. 知らない場所（車の中など）に連れて行かれたときの「ニャーン」

4. 閉まっているドアや窓の前で鳴くときの「ニャーン」

5. 力を入れてブラッシングされて、ちょっと嫌がっているときの「ニャーン」

飼い主なら、飼いネコの5種類の場面の「ニャーン」を区別できるはず……。なお、1の「ニャーン」は、音の長さがいちばん短く、番号順に「ニャーーン」というように音が長くなる

14 「カッカッカッ」と鳴くのはどんなとき？

　28ページで述べた鳴き声のグループの中にはありませんが、ネコが窓の外を飛んでいるチョウや鳥などを見て「カッカッカッ」「ケッケッケッ」「アッアッアッ」などと、変な鳴き声を出すことがあります。部屋の中で壁の上のほうに止まっているハエやガなどの虫を見つめて、この声をだすこともあります。

　口は少し開かれ、口角を後ろに引いて、上あごと下あごを上下に小刻みに震えるように素早く動かす際に発せられる声です。といっても、ほとんど無声のこともあれば、喉の奥から小声、または、はっきり聞き取れる声のときもあります。

　こんなときのネコの表情は、ちょっとひょうきんに見えるのですが、ネコにとっては真剣そのものです。**ネコの持って生まれた狩猟本能が目覚めているから**です。ひげは前を向き、**野性のハンターの目つき**で、尻尾の先をピンピン振り、いまにも獲物に飛びつきそうな勢いです。獲物に集中しているので、たいていのネコは飼い主が呼びかけても見向きもしてくれないでしょう。

　喉から手が出るほど捕まえたい獲物が、手が届かないところにいるときにこのような声が発せられます。まさに**悔しいときの歯ぎしり**というところでしょうか。

　この「カッカッカッ」の本来の意味は、ネコが鳥の鳴き声を真似ておびき寄せようとしているという説や、この上下のあごの動きで獲物に咬みつく練習をしている、または咬みついたつもりになっているという説があります。しかし、あくまでも推測にすぎず、はっきりした理由は明らかになっていません。

　「カッカッカッ」がほかのネコとのコミュニケーションとして発せ

られることはないようですが、飼い主に叱られたときなどに「カッカッカッ」と飼い主に向かって「文句をいう」ネコはいるようです。飼い主に咬みつく練習をしているわけではないと思いますが……。

ネコが鳥を見つめて「カッカッカッカッ……」と鳴いている。「あの鳥、捕まえたいニャー」

COLUMN 01

ネコは妊婦にとって危険なの？

　トキソプラズマ症は、妊娠直前や妊娠中の女性が初感染した場合に胎盤を経て胎児に感染し、悪影響を及ぼす（先天性トキソプラズマ症）ことがあるので、昔から「妊婦はネコに近づくな」などといわれてきました。

　実際には、妊婦がネコからトキソプラズマに感染して胎児に影響したという例は、そのデータがないほど稀です。ネコも人も感染した生肉を食べたり、感染したネコが排出するオーシスト（原虫の卵）からトキソプラズマに感染しますが、まず、生肉やネズミを食べる機会がほとんどなく、ほかのネコとの接触もない室内飼いのネコが、**トキソプラズマに感染する可能性は極めて低い**といえます※。

　そして、通常ネコはトキソプラズマに初感染した場合のみ（一生のうち！）およそ1～3週間という期間だけ糞便中にオーシストを排出します。このオーシストは外界に触れて成長し、1～5日経ってはじめて感染能力を持つので、万が一、飼いネコがオーシストを排出しているとしても、**ネコトイレのウンチを手袋をはめて毎日こまめに取り、普段から手をしっかり洗うなどの対策をすることで感染を予防**できます。

　ただ、このオーシストは、適切な温度下では土壌などで1年近く感染能力が持続することもあるので、庭などにネコがウンチをする可能性も考慮して、土いじりは手袋をして行い、あたり前のことですが終わればきれいに手を洗い、家庭菜園で採れた野菜なども生で食べる場合はきれいに洗いましょう。

※実際には知らないうちにトキソプラズマに感染して、抗体がすでにある人も多くいる。血液検査を受けて陽性であれば、心配する必要もなくなる。

第 2 章

ネコ同士の
コミュニケーション

なぜネコは自分のにおいをつける？

　第1章では、ネコの表情、ボディランゲージや鳴き声のシグナルを見てきましたが、ネコ同士がコミュニケーションを図るのにいちばん重要ともいえるシグナルがあります。それは、**においのシグナル**です。

　ネコには1匹1匹固有の、人には感知できないにおいがあります。特に、口の周り、頬、おでこ、あご、尻尾のつけ根（背面）や肛門の周囲、手足の裏にある分泌腺から、においがある**生化学物質（フェロモン）**を分泌しています。ネコのにおいは、人の名刺に匹敵するようなもので、ネコ同士の認識に大きな役割を果たしています。

　ネコには、この**自分のにおいをいろいろな場所につける習性（マーキング）**があります。ネコを飼っている人なら、ネコが、柱やテーブルの脚（飼い主の脚もですが）、開いたドアなどに顔や体、尻尾のつけ根を、スリスリとこすりつけながら歩くのを目にしたことがあるのではないでしょうか？

　爪とぎするときにも、指の間のにおいをしっかりと付けています。爪とぎの跡には、においだけでなく視覚的なアピール効果もあります。

　お気に入りの場所（よくいる場所）にも、もちろん自分のにおいが付いています。私たち人の鼻では感知できませんが、ネコを飼っていれば、実のところ家中いたるところネコのにおいでいっぱいということです。

　ネコは、これらのにおいを数日間は感知できるようです。付いたにおいから「クンクン、これは、友達のミーちゃんのにおいだ」と認識したり、自分が付けたにおいをふたたびかいで、「フンフン、

ここには自分のにおいが付いている」と自分の場所であることを再確認して安心しているのです。

家の中にネコが2匹以上いれば、「これはわたしのにおいがするからわたしのもの」と、ほかのネコに主張する意味合いもあります。しかし、1匹で飼われているネコもいろいろな場所ににおいを付けるので、自分の所有権を主張するというよりも、**自分のにおいに囲まれて居心地のよい空間をつくりだそうとしている**と解釈するほうがよいでしょう。

わたしたちが、部屋の中に好きな人の写真や、慣れ親しんだお気に入りのものを置いて、くつろげる空間をつくるのと同じことですね。

爪とぎは、爪の手入れだけでなく、においや跡で自分の存在をアピールする目的もある。「いいにおいだニャー……」

ネコには1匹1匹固有のにおいがあり、ネコ同士はにおいでお互いを認識する。ネコはいたるところに自分のにおいを付けて安心する習性がある

16 おしっこのマーキングはなんのため？

　マーキングのなかでも、ネコがおしっこをかける**尿スプレー**は、最強のにおいづけといえます。去勢・避妊手術をしていない性成熟したネコに、とりわけ見られる行動です。発情期のメスネコと、その気配でパートナーを求めるオスネコは、尿スプレーによって「パートナー募集中」のメッセージを残しているのです。つまり、尿スプレーは、性別、年齢、ランク、発情のサイクルなどといった「個人情報」を公開しているのです。

　特に未去勢のオスネコの尿には、**フェリニン**と呼ばれるフェロモンの前駆体(原料)物質が含まれており、人の鼻でも1〜2週間は感知できるほど、強烈なにおいを放ちます。フェリニンのにおいは、ネコの食餌の質にも左右されるため、オスネコは自分の栄養状態が良好であること、ひいては**どれだけ高い繁殖能力を持つか**ということを、メスネコやライバルネコに誇示しています。

　この尿のにおいが空気と交じり合って薄くなっていくことで、ネコはそのメッセージがいつごろ残されたものかも読み取れるようです。これは、なわばりの共有部分(なわばり境界付近)で、ネコ同士の衝突やケンカを避けるのにも大きな役割を果たしています(56ページ参照)。

フレーメン反応はにおいの分析

　オスネコは、メスネコが残したおしっこのにおいを執拗に嗅ぎ、その後、数秒間、恍惚として口を半開きにし、そのにおいを「味わう」ような、少し間の抜けた表情をすることがあります。これは、**フレーメン反応**と呼ばれ、口蓋の前方部、前歯(門歯)の後ろ辺

りにあるヤコブソン器官という嗅覚器官に、においを取り入れることで厳密に分析しているのです。

この情報は、本能や感情をつかさどる大脳辺縁系に直接伝えられます。オスネコにかぎらず、ネコによってはフェロモンのほかにも、ある種のにおい(キャットニップやまたたび、なめした皮、芳香剤、人の汗や足のにおいなど)にフレーメン反応をするネコもいるようです。

なお、飼いネコが去勢・避妊手術をしているにもかかわらず、家の中で尿スプレーをすることがあります。飼い主の頭を悩ませる問題ですが、こんなときネコは、なんらかのストレスを感じ、尿スプレーの強烈なにおいを残して安心感を得ることで、ネコなりに問題を解決しようとしているのです。ストレスの原因、たとえば、外のネコの気配や同居ネコとの緊張した関係などを突き止めて対処することが大事です。

尿マーキングは、パートナー探しや、ネコ同士の衝突・ケンカを避けるための大事なコミュニケーション。右はネコのフレーメン反応

仲良しネコ同士の コミュニケーションは？

　仲良しネコの基本のあいさつを見てみましょう。まず、顔見知りの仲良しネコは、第1章で解説したように、4〜5m離れたところからでも、尻尾を垂直にピンと立てながら近づきます。尻尾を立てるのは、親愛の情を表しています。どちらか一方（たいていは劣位のネコ）が、尻尾を立てて近づくこともあります。

　そして、鼻と鼻を近づけ「クンクン、本当にミーちゃん？」というふうに、相手のにおいを確かめます。顔にはにおいをだす分泌腺が密集しているからです。鼻でキスしているように見えることもありますが、実は**においを確かめ合っている**のです。

　仲良しネコでも、なにか違うにおい（たとえばほかの動物のにおいや動物病院のにおい）がすれば、反射的に身体を引くでしょう。その確認が無事に終われば、互いに顔や体のにおいを嗅ぎ合ったり、頭や体や尻尾をスリスリとこすり合い、においを交換します。この後、おしりのにおいを確かめ合うこともあります。尻尾の付け根やおしりの周りにも、においをだす分泌腺が密集しているからです。

　やはり、どちらか（たいてい劣位のネコ）が尻尾を上げておしりのにおいを嗅がせることが多いようです。これは、子ネコのときに母ネコにおしりをなめてきれいにしてもらっていたなごりだとも考えられています。お互いにおしりのにおいを嗅ごうと、どちらかがストップするまでグルグルと回ることもあります。

　あいさつが終われば、仲良しネコは、体をくっつけて尻尾を絡め合いながら一緒に並んで散歩したり、毛づくろい（グルーミング）をしたり、体を寄せ合って昼寝を始めたり、リラックスしたひと

ときを過ごします。

　グループで生活するネコは、お互いに顔や体をスリスリしたり、毛づくろいすることで、**においを交換してグループのにおいをつくりだし、共有**しています。通常、同じにおいがする仲間のネコには、攻撃性を示しません。

🐾 仲良しネコのあいさつ

① 尻尾を立てて近づくのは、敵意のないサイン

② ネコのあいさつはにおいの確認から。まずは顔のにおい

③ 次は体のにおい

④ おしりのにおいもどうぞ

⑤ スリスリ

⑥ 並んでお散歩

18 なめ合うのは仲がいい証拠？

　グループの中でも特に仲良しのネコ同士は、とにかく近く（1m以内）にいる時間が長く、相手を舌で**毛づくろい（グルーミング）**する時間も、明らかに長いことがわかっています。

　母ネコは、子ネコのおしりをなめて排泄を促したり、体中をきれいになめて、子ネコの体を清潔に保ちます。子ネコはなめられることで母ネコの温かい体を感じながら、ゴロゴロとのどを鳴らして安心し、それによって母ネコとの強い絆ができあがります。

　子ネコも生後4週間ぐらいになると、自分でグルーミングしたり、兄弟同士でお互いにグルーミングを始めます。このスキンシップは、体を清潔に保つだけでなく、血行を促すマッサージ効果やリラックス効果、相手の体をなめた後に自分の体をなめることでにおいを共有したり、なによりも仲間同士の強い絆を育むのに一役買います。その後、子ネコは成長してからも、自分ではなめることができない頭や首の辺りを、お互いにグルーミングし合います。

　グルーミングは、**気持ちが通じ合ったネコへの愛情や友情の表現**で、ネコが相互グルーミングをすれば、信頼し合っている証といえるでしょう。

　家の中で複数のネコを飼っていると、仲のいいネコ同士は、相手のネコをグルーミングしてあげたり、一緒にくっついて眠ったり、とにかく近くにいる時間が長いのですぐにわかります。暑いときでもくっついて、相手を枕にして眠ったりします。子ネコのときから一緒に育ったネコは、成ネコになってもずっと仲良しで

第2章 ネコ同士のコミュニケーション

いる可能性が高いので、ネコを2匹飼おうと思っているなら、初めからこのような2匹を一緒に飼えば、仲のよいところが見られて理想的ですね。

🐾 こんなコミュニケーションをしているなら仲良しの証拠

① 尻尾立てや鼻キスのあいさつ
（鼻と鼻を合わせてにおいの確認）

② 頭、体や尻尾をスリスリ（においづけ）

③ 尻尾の絡み合わせ

④ なめ合う（相互グルーミング）＋ゴロゴロのどを鳴らす

⑤ 暑くてもくっつく。相手を枕にしながら一緒に寝る

19 ネコにも社会的距離があるの？

　人は、親しい人や好きな人とは、すぐ近くにいることができますが、見知らぬ他人があまり近くに寄ってくれば、不快感や嫌悪感を感じることがあります。この距離には民族差や個人差もあるでしょうが……。

社会的距離

　ネコは、相手との距離を常に意識し、自分の身を守るために相手と適切な距離を保とうとしています。これは**社会的距離**と呼ばれます。もちろん、この距離は個々のネコの社会性やネコ同士の関係、また同じネコでもその状況によって変わってきます。一般的に、子ネコのときに(最低でも生後8週間ぐらいまで)母ネコや兄弟ネコと一緒に過ごし、その後もほかのネコと接触があるネコは、ほかのネコに対する社会性があると考えられています。

逃亡距離

　相手(見知らぬネコや動物)が近づいてきて、身の危険を感じれば、ネコはまず逃げようとします。この逃げることができる距離は、**逃亡距離**と呼ばれ、個体差もありますが、2m前後と考えられています。体のどこかに痛みがあったり体調が悪ければ、同じ状況でもそのネコの逃亡距離は広がり、相手がまだ遠くにいるのに逃げようとするでしょう。

　さらに相手が接近してきて逃げることができない状況であれば、ネコは自分の身を守ろうと威嚇や攻撃に出るでしょう。この距離を**危険距離**と呼びます。危険距離も状況によって変わります。

第2章 ネコ同士のコミュニケーション

たとえば子ネコを連れたメスネコの危険距離は数mに及ぶこともあります。つまり、距離があるにもかかわらず子ネコを守るために攻撃してくる可能性があるということです。

個体距離

また、ネコにもコミュニケーションをとる相手が自分の近くにいるのを許せる、**個体距離**があります。くっついて一緒に寝るような仲良しネコに対しての個体距離は密接する距離、つまり、0cmといえます。同様に仲良しネコに対しては、逃亡距離や危険距離もほとんどないといってもよいのですが、状況によっては距離が生じることもあります。たとえば、急に驚いたり、相手のネコに動物病院のにおいがするなどした場合です。

家の中で一緒に暮らしているネコ同士でも、相手に応じて距離を置き、人の目には見えない暗黙の境界線があります。ケンカをすることがなくても「これ以上近づくな！」という、一定の距離を保ちながら生活しているネコもいるということです。

ネコ同士にも社会的距離がある。逃亡距離は、相手がそれ以上近づいたら逃げる距離。危険距離は、相手がそれ以上近づいたら攻撃する距離。個体距離は、仲間のネコが接近できる距離

ネコのなわばりは なんのためにある？

　ネコ同士にも社会的距離があることを踏まえたうえで、**ネコのなわばり**について考えてみましょう。ネコが、いろいろな場所に自分のにおいを付けることをお話ししましたが、それは自分のなわばり（テリトリー）を主張するためでもあります。このなわばりは、一体なんのためにあるのでしょうか？

　なわばりは本来、ネコが生きていくために必要な資源（食糧や水、安全な場所、パートナー）を確保するための空間です。群れで行動する動物、たとえばイヌなどには必ず、ランクづけがあります。これは集団生活で争いごとを避けるためにつくられた大事な社会ルールです。

　一方、単独行動で狩りをするネコには、ほかのネコとの争いごとを避けるために一定の距離を置く、という社会ルールがあります。そのために、ネコは個々（またはグループ）のなわばりをつくります。

　なわばりの中心部には、ネコが1日の大半をくつろいで過ごせるプライベートなスペースである**ホームテリトリー**があります。ホームテリトリーを中心に、ネコが狩りをしたり定期的にパトロールする行動範囲を**ホームレンジ**とも呼びます。ネコにとっては、なわばりの中心地に近いほど重要な意味があり、中心のホームテリトリーをよそ者に侵されれば、闘ってでも守ろうとします。

なわばりの境界線付近は念入りにチェック

　ネコの頭の中には、自分のなわばりの地図がしっかりと入っており、毎日規則的になわばりをパトロールします。なわばりが重

なり合うことも多く、境界付近ではにおいをかいで、ほかのネコが来たかどうかを念入りにチェックし、自分のにおいを残すことにも余念がありません。

庭の柵や塀、道路など人がつくったものがなわばりの境界目印となっていることが多く、この境界付近では、おしっこのマーキングのほかにも、ウンチをわざと目立つところにすることがあります。ネコがそこをいつごろ通ったかという、においのメッセージをもとに出会うのを避けたり、なわばりを時間差で使用したりするネコの暗黙のルールがあるからです。

ネコは本来、ホームテリトリー付近では、敵ににおいがばれないように、また自分の寝場所付近を衛生的に保つためにも、おしっこやウンチを本能的に隠す習性があります。しかし、なわばりの境界線付近でのウンチはわざと隠しません。これは、性別にかかわらず、とりわけ優位な（自信のある）立場のネコによく見られる行動です。

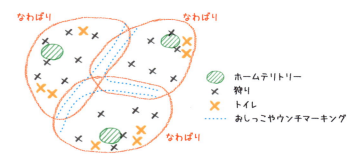

なわばりは、ネコが生きていくために必要な資源（食糧や水、安全な場所、パートナー）を確保するための空間。ネコはなわばりを持つことで、ほかのネコとの衝突を避ける。なわばりが重なっている部分には、おしっこやウンチのマーキングで「メッセージ」を残す

ネコのなわばりの大きさは？

　イエネコのなわばりの大きさは、調査された国や地域、ネコの生活様式によって大きな差があるので、一概にはいえません。ノラネコの調査結果によれば、ネコの密度は、1km²につき1匹（ニュージーランド、オーストラリア）から、2,350匹（日本・相島）と大きな差があります。

　個体差や地域差もありますが、自由に外に出られる飼いネコや、人から食餌をもらいながら人の生活圏で暮らすノラネコ（地域ネコ）のホームレンジは意外に狭く、**150m四方**までのようです。この場合、餌場もホームテリトリー内や、その付近にあることが多くなります。

　ノラネコでも、普段は獲物が豊富な場所（漁村や農家など）で食糧（獲物）を捕りつつ、たまに人から食餌をもらったりしながら生活する場合は、ホームレンジが**500m四方**にまで広がります。

　人にまったく依存せず人の生活圏から離れ、山野などで単独に獲物を捕って生活する野生化したノラネコなら、さらに広大になるでしょう。ネコ同士のホームレンジはかなり距離があり、繁殖期以外はネコ同士が顔を合わせることもないような、広大な領域であることもあるでしょう。

恵まれたネコのなわばりは狭い

　なわばりの大きさは、食糧が十分にあるかどうか、去勢・避妊手術を含めネコが人の保護や管理のもとで生活するかどうかによって大きく変わってきます。

　食糧（獲物）が少ない地域であれば、ネコは食糧を求めてホーム

レンジを広げるので、密度は減る傾向にあります。反対に食糧が十分に保障されている地域なら、ほかのネコと食糧をめぐって争う必要もないので、なわばりは少々狭くてもだいじょうぶです。つまり、ネコの密度は増え、必然的になわばりも重なり合うようになります。

なお、ネコは寝場所をちょこちょこ替える習性があるので、なわばりの中に複数のホームテリトリーを所有するネコもいますが、排泄は通常、ホームテリトリーから少し離れたところでします。

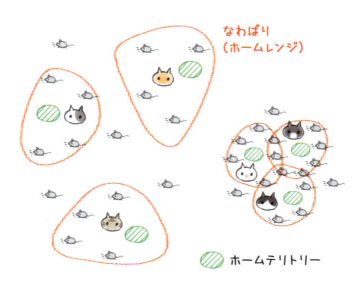

プライベートエリアともいえるホームテリトリーを中心に、狩りやパトロールを行うホームレンジまでがなわばり。ネコの密度が高いところでは重なり合う。食糧が少なければネコのなわばりは広がり、食糧が十分あれば小さくなり重なり合う

メスとオスでなわばりの広さは違うの？

　平均すると、未去勢のオスネコのなわばりの広さは、メスネコや去勢したオスネコの3.5倍ほどと考えられています。繁殖期にはこの差がさらに10倍にまで広がることもあります。オスネコはメスネコの発情期に、メスネコを求めてホームレンジを広げるからです。

　普段はなわばりを共有することのないオス同士でも、メスの繁殖期にはなわばりが重なり合うこともあり、なわばりの境界付近では、メスネコ・オスネコともにマーキングが増え、オスネコ同士がメスネコをめぐって衝突、争うこともあります。

　食糧が十分に確保できれば、オスネコにとってはお相手のパートナーのメスネコを手に入れること、メスネコにとってはできるだけ安全な場所で子ネコを育てることが、なわばりの重要な役割なのです。

　性別にかかわらず、気が強いネコは、臆病なネコに比べてなわばりも大きくなるようです。メスネコは未去勢のオスネコに比べてなわばりが小さいのですが、その分、警戒心が強く、なわばりにこだわります。オスネコよりもなわばりを守る意識が強く、**特に子ネコを連れた母ネコは、自分のなわばり（特にホームテリトリー）を必死に守ります。**

　基本的にホームテリトリーから離れれば離れるほど、すなわちホームレンジの外側に行くほど、ネコの不安感は増します。しかし、まれにほかのネコのなわばりに侵入して、ホームテリトリーにまで平気で入ってくるような心臓の強いネコもいます。たとえば、隣の飼いネコのいる家に侵入するネコです。

第2章 ネコ同士のコミュニケーション

オスネコはメスネコの繁殖期にメスネコを求めてなわばりが大きくなり、念入りにパトロールする。未去勢のオスネコのなわばりは、去勢済みのオスネコやメスネコの3.5倍ほどに及ぶ

子ネコを連れたメスネコは、自分のなわばりを命がけで守る。ネコはなわばりの中心であるホームテリトリーに近いほど安心度が増す

ネコがなわばりの境界で出会ったときのルールは？

　なわばりの境界付近では、ほかのネコに極力出会わないように気をつけているネコですが、それでも見知らぬネコ同士がバッタリ出会うこともあるでしょう。

　そんなときは、十分な距離（平均2mぐらい）があれば、劣位のネコはあらぬ方向を見たり、目を合わせないで「ケンカする気はありません」という意思を表明し、その場で立ち止まったり、相手のネコが通りすぎるのを座って待ったりします。ネコはおもに表情やボディランゲージから、**本能的に自分の優劣を判断できる**からです。

　優位のネコはそのまま悠々と通りすぎ、劣位のネコは相手のネコが見えなくなってからその場を去るでしょう。ネコ社会は、譲り合いの精神でいっぱいなのです。これは、なるべく争いを避け、無駄なエネルギーを使ったり、ケガをしたりしたくないという本能からでしょう。小さなケガでも、動きが制限されれば、単独で狩りをするネコにとっては、命取りになりかねません。

　また、2匹ともその場に座り、相手がどう出るか待つ場合もあります。そのときも、第1章で解説したような顔の表情やボディランゲージの微妙な変化で、ネコ同士はコミュニケーションを取っています。

知らないネコ同士がにおいを嗅ぎ合うことも

　また、知らないネコ同士でも、鼻を近づけてにおいを嗅ぎ合おうとすることもあります。このときは、仲良しネコ同士のあいさつとは少し違い、緊張した様子で、体を後ろに引き気味のまま、

なるべく首を前に伸ばして、恐る恐る鼻を近づけ、においを確かめようとします。においを嗅いでから、やはり気に入らずどちらかが威嚇し、相手が逃げることもあります。

　鼻のにおいがOKであれば、おしりのにおいを嗅ごうとすることもあります。自分のおしりのにおいは嗅がれたくないけれど、相手のおしりのにおいを確かめようと、お互いにぐるぐる回転することもあります。

　最後には、どちらか（劣位のネコ）が回転をやめておしりのにおいを嗅がせるか、やはり、どちらかが嫌がって相手を威嚇して逃げることもあるでしょう。どうなるかは、**そのときの状況やネコの社会性によっても変わるのでいろいろ**です。

ネコは譲り合いの精神でいっぱい。「目をそらせるニャー」。この場合、右のネコの負けである

においを確かめてから、相手のネコを一喝（威嚇）することもある

ネコ同士のケンカのルールは？

　それでも、狭い場所でお互いにかわす場所がなかったり、威嚇の効果がなかったり、どちらも譲らなければ、ケンカが避けられないこともあります。

　体の大きさなどが明らかに違うオスとメスではケンカに発展することはほとんどないので、**たいていのケンカはメスネコ同士、オスネコ同士**です。通常、ネコは致命傷となるようなケガをするケンカはめったにしませんが、ライバル同士のオスネコは、メスネコの発情期には、なわばりをめぐって激しいケンカをすることがあります。

　ケンカは、至近距離でのにらみ合いから始まります。威嚇し合ったり、声のトーンはさまざまですが、遠吠えのような「ウァ〜ウウァ〜ウ……」や「ウァウウァウ……」と「戦いの歌」が長時間続くこともあります。このとき、自律神経系の作用で唾液がたくさん分泌されるので、歌の途中で唾を飲み込んだり、口をなめたりします。

　どちらのネコも相手の急所の首に咬みつこうと、なるべく有利な体勢（高い位置）から跳びかかるチャンスを狙います。首を咬みつかれたネコは、ひっくり返って下から四肢を使って反撃し、2匹は毛を飛び散らしながら転げ回ったりと、短い取っ組み合いが繰り返されます。

　取っ組み合いをちょっと休戦して、にらみ合いや、突然お互いがグルーミングを始めることもあります。これは、**転位行動**とも呼ばれ、緊張したときに気持ちを静め、落ち着こうとする行動です。取っ組み合いや一時休戦を交えながら、最後にはどちらかが

降参（隙を見てその場を逃げるか、精根尽きてうずくまるか）して勝負がつきます。

勝者のネコは、逃げようとするネコを数m、形だけ追いかけたり、そこで毛づくろいしたりして、すぐにはその場を去りません。しばらくしてから得意そうに去っていきます。**一度勝負が決まれば、勝者はそれ以上攻撃しません**。そして次回から、負けたネコは、勝者を見ると引き返すようです。これでなわばりの「優先通行権」が決まります。

といっても、優先通行権は、その場所、その時間帯での限定優先権です。もし勝者のネコが、負けたネコのホームテリトリーに近づこうものなら、やり返されます。自分のホームテリトリーでは、あくまでもそのネコのほうが優勢だからです。このため、ほかのネコのホームテリトリーを奪おうと、ネコが自ら攻撃をしかけることはほとんどありません。

ネコのケンカのルール。にらみ合いから始まり、威嚇。相手の首を狙って体勢を整える。跳びかかって咬みつく。ネコパンチや跳び蹴りで反撃。取っ組み合いを何度か繰り返しながら勝負をつける。途中で自分の口をなめたり、グルーミングしたり、気持ちを落ち着けるために一時休戦することもある。首を咬みつかれたネコが、ひっくり返って下から相手を抱え込み、蹴って反撃することもある

ネコはなんで夜に集会するの？

　夕暮れ時や夜、なわばり近くの決まった場所に、周辺のネコがどこからともなく不規則に集まることがあります。ネコのなわばりが重なり合うような、ネコの居住密度がある程度高いところで見られることが多く、さまざまな国や地域で目撃されています。集会は日中開かれることもあるようです（日向ぼっこをしているだけかもしれませんが……）。

　集会場所は、人通りの少ない路地裏、原っぱ、空き地、公園、駐車場や屋根の上などさまざまで、多くは**中立的な場所**です。そこに食糧があるわけでもなく、パートナーを探すわけでもなく、特に集まる目的があるようにも思えません。

　ほかの場所で出会えばケンカを始めるようなネコ同士でも、このときばかりは無関心なようです。ある程度の距離をおきながら、静かに座っていることが多く、毛づくろいしたり、たまに辺りを見回したりするだけの、実に平和な**ネコの集い**です。

　この集いは、1〜2時間もすれば、集まったときと同じように、なんとなく自然に解消されます。残念ながら、この神秘的なネコの集いの目的は人にはわからず、推測するしかありません。

　いつもほとんど同じメンバーが集まることから、おそらく、なわばりを部分的に共有するネコたちが、ネコ社会の平和を乱すようなよそ者がいないかどうか、また、新しいメンバーとなった子ネコや、いなくなった（死亡した）メンバーがいないかどうかを、それとなく（においでも）確認し合う、**ネコの顔合わせ**のようなものではないかと考えられています。

　ここで顔を合わせるメンバーは、優劣がはっきりと決まってお

り、なわばりの境界などで出会っても、大きなケンカをすることはないようです。まさに、ネコが平和を維持していくためにつくりだした、ネコ社会のコミュニケーションの1つといえるでしょう。

ネコの集会は、ネコ同士を確認し合う「顔合わせ」のようなもの。世界各国のいたるところで目撃されている

飼いネコにもなわばりはあるの？

　飼いネコにも、もちろん、なわばりはあります。外を自由に行き来する飼いネコの場合、家がホームテリトリーで、パトロールにでかける庭や、その周囲がホームレンジです。

　完全室内飼いのネコなら、1日の大半を過ごす寝場所などのお気に入りの場所がホームテリトリー、バルコニーも含め、出入りできるすべての部屋がホームレンジといえます。

　1室でネコを飼っていれば、ホームテリトリーはソファーの上とキャットタワー、場合によっては、ホームテリトリーとホームレンジがほとんど同じということもあるでしょう。複数のネコがいれば、同じホームレンジ内に、それぞれのネコがお気に入りとするホームテリトリーがあります。

　なお、室内で飼われているネコのなわばりは狭いですが、**ネコの欲求を満たしてあげられるように、居住空間に工夫**をこらしましょう。たとえば、部屋でも上下に移動できるよう工夫したり、安心して隠れる場所をたくさんつくったり、爪とぎ場所や外が観察できる場所をつくるなどです。また、ネコと十分に遊んだり、スキンシップを図る時間を取ることで、ネコは室内だけでも十分幸せに生活できます。

多頭飼いのときは、それぞれになわばりを与える

　ネコを室内で多頭飼いしている場合は、どのネコにも安心してくつろげる場所（ホームテリトリー）や、食餌・水飲み場、トイレを用意してあげることが大事です。母ネコと子ネコ、兄弟ネコ同士、子ネコのときから一緒に育ったネコ同士は、ホームテリトリ

第2章 ネコ同士のコミュニケーション

ーを共有することがありますが、そうでない場合は、一見、仲がよさそうに見えるネコ同士でも、邪魔されずに安心して1匹でリラックスできる場所が必要です。

ネコ同士の関係がよくない場合は、なわばりが狭くなるほど、衝突しやすくなります。ネコの社会的距離(54ページ参照)が十分に取れるスペースが必要です。また、ネコは、よそ者とはホームテリトリーを共有しません。新入りのネコを迎えるときは、先住ネコが自分のなわばりを侵されたと感じ、新入りネコに攻撃をしかけることもあるので、**十分な配慮**が必要です。

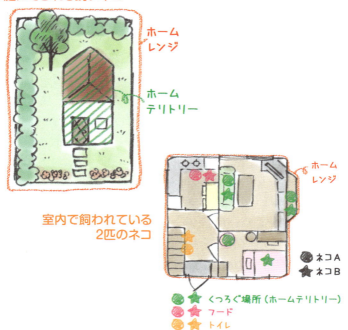

庭にでられる飼いネコ

ホームレンジ

ホームテリトリー

室内で飼われている2匹のネコ

ホームレンジ

●★ くつろぐ場所(ホームテリトリー)
●★ フード
●★ トイレ

● ネコA
★ ネコB

ネコ同士でなわばりを共有することはあるの？

　単独で狩りをするネコは、それぞれが自分のなわばりを持ち、単独で生活すると考えられていました。しかし、十分な食糧やスペースがある地域では、ネコも環境に応じて**コロニー（集合体）**を形成し、緩い社会関係を維持しながら集団生活することも明らかになっています。ホームレンジがほぼ100％重なった形と考えればよいでしょう。もちろん、「一匹狼」で放浪するネコもいますが、ある程度社会性のあるネコは、集団生活にうまく対応しています。

　ノラネコのコロニーに関しては、多くの研究報告がありますが、その生活様式は「100個あれば、100通りある」といってもよいほど、本当にさまざまです。ネコが環境に応じて、**いかに適応力のある動物であるのかを裏付けている**ともいえるでしょう。

　メスネコ同士がコロニーをつくり、お互いに協力しながら子育てをすることはよく知られています。メスの子ネコは、成ネコになってもグループに残り、血縁関係の濃いメス同士は強い団結心で結ばれています。オスの子ネコは、成長すれば自分でなわばりをつくらなければなりません。メスネコのコロニーは、繁殖期にだけ、周りのオスネコとなわばりを共有します。よそ者のメスネコが、このコロニーに加えてもらえることはほとんどありません。

　ほかに、オスネコ1匹と数匹のメスネコからなる、ハーレムのようなコロニー、さらに、オスネコとメスネコが混ざったコロニーなどがあります。この場合も、オスのメンバーは替わっても、メスのメンバーはほとんど替わりません。

　なお、いちばん強いボスのオスネコと、若いオスネコたちとの間には**兄弟分**ともいえる軽いつながりができるようです。もちろん

若いオスネコは、コロニーにすぐに仲間として受け入れられるわけではなく、ケンカを繰り返した後に、兄弟分として認められるようです。しかし、ボスネコも年を取れば、力の強くなった若いオスネコに負け、世代交代の時期がやってきます。

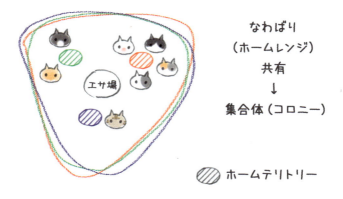

外で暮らすネコの生活様式はさまざま。環境によっては集団で生活する。ホームレンジがほぼ100％重なったコロニーで集団生活をするネコたちもいる

ネコにもイヌのようなランクづけがあるの？

　集団生活にともない、コロニーをつくって生活するネコにもある程度の社会的な順位、つまり**ランクづけ**ができてくると考えられています。

　ランクの低いネコのほうが尻尾を上げて近づいたり、おしりのにおいを嗅がせるなど、ネコ同士のあいさつ時のボディランゲージからも、ランクづけが推測できます。

　ランクづけは、上位のネコが下位のネコを威圧するのではなく、ネコの「平和主義のルール」にのっとり、下位のネコが上位のネコに譲ることで、グループ内でのネコ同士の社会関係を安定させ、ケンカをせずに平和に暮らすためのルールです。

　ただし、ネコのランクづけは、はっきりとした縦の関係ではなく、**状況によって変化する流動的なもの**のようです。基本的に、去勢・避妊手術をしていないネコは、したネコに比べてランクが上で、ほかには、性別、年齢、体重、頭の大きさなどが、重要な目安になるようです。

　また、上位のオスネコは、尿スプレーをすることがほかのオスネコに比べて多かったり、重要な資源（食糧や水、居心地のよい場所）を先に手に入れる優先権があり、ときには下位のネコににらみを効かせたり、理由もなく手でたたくなどの態度をとることもあります。なお、コロニー内ではランクが上のネコが下のネコに対して攻撃性を示すことはなく、攻撃性はあくまでもよそ者に対して向けられます。

　食糧に関しては、メスネコよりもオスネコに優先権（先に食べる権利）があり、また、小さくて若いネコよりも体が大きくて年

齢が上のネコに優先権があるようです。特にオスネコでは年齢、メスネコは体の大きさがランクづけの大きな目安になると見られています。ただし、4～6カ月ぐらいまでの子ネコは、メスネコからだけでなくオスネコからも優遇され、食餌のときは優先権が与えられています。

しかしながら、ごく最近に行われた都市部（イタリア・ローマ）でのネコのコロニーの調査では、オスネコではなくメスネコに食餌の優先権があり、ランクづけもメスネコのほうが上位であるという報告もあります。メスネコの多い母系社会のコロニーの中では、オスネコの地位が危ういのでしょうか？

この食糧の優先権に関しては、「オスネコのほうが寛容である」「オスネコも、ほかのネコと一緒に共同生活をする過程で、攻撃性がやわらいできた」という見方もあります。

ランクが最上位と思われるボスネコが、発情期のメスネコから必ずしも「恋のお相手」に選ばれるわけではないことからも、ネコの社会関係はなかなか複雑なようです。

ある程度の社会関係は、グループで集団生活するネコにもできるが、その関係は状況によって変化するうえ複雑だ

飼いネコにもランクづけはあるの？

複数のネコを飼えば、コロニーと同様にある程度のランクづけができてきます。たとえば、ネコが3〜4匹いれば、グループの中で自然と、A〜B〜C（A〜B〜C〜D）と、縦のランクづけらしきものができます。ネコの数がそれ以上に増えれば横の関係も加わり、社会関係はもっと複雑なものになります。

これらの関係は少しの変化で変わってしまうような不安定なもので、グループにネコをもう1匹加えることで、社会関係が見事に崩れたり、反対にケンカが収まることもあります。

飼いネコの場合は、ネコが自ら形成するコロニーとは異なり、基本的には飼い主がネコを選択します。血縁関係のないネコ同士、異なるネコ種、ネコの気質や年齢に大きな差があることもあるでしょう。また、ほとんどの場合は去勢・避妊手術済みのネコです。飼いネコのランクづけがどうやって決まるのかは、実のところよくわかっていません。

ただ、人に対して社会性のある外交的なネコは、飼い主と接触するときや遊ぶとき、率先して来る（ランクが上位である）ので、**ネコと飼い主との関係も、ランクづけに大きくかかわってきます。**

狭い環境に入れすぎると「いじめ」の原因に

一般的に上位のネコは、高くて居心地のよい場所に陣取り、ほかのネコに譲ることはありませんが、上位のネコが絶対的な権力をもっているわけではなさそうです。上位のネコは下位のネコの座っている場所を必ずしも奪うわけではなく、「先に座ったもの勝ち」というルールもあるようです。

第2章 ネコ同士のコミュニケーション

　飼いネコの場合、食餌は十分与えられているので、上位のネコが下位のネコに対して、先に食べたり、独占する権利をもっているわけではありません。ほかのネコのフードを味見したり、フードボールを横から引っ張ったりするネコもいますが、脅したり、攻撃的な態度で食餌を横取りするような態度は見せません。

　しかし、ネコが自ら形成するコロニーと違い、ネコの密度が高くなれば——つまり狭い部屋で何匹もネコを飼うようなことがあれば、ネコ同士がお互いにかわせず、下位のネコが上位のネコを避けられずに、攻撃の的となることがあります。

　上位のネコは、下位のネコを常に監視することが日課となり、ジリジリと詰め寄ったり、欲しくもないのに寝場所や食餌を奪おうとする「いじめっこネコ」がでてくることもあります。いじめがエスカレートすれば、いじめの対称となる「いじめられネコ」は、24時間、気の休まる時間がないストレス状態に陥ることになります。こんなときは、**いじめられネコを隔離するなど、早めに対処することが大切**です。

飼いネコでも多頭飼いすればランクづけらしきものはできる。ある程度のランクづけは、グループ内でのネコ同士の社会関係を安定させる。ランクが上位のネコは居心地のよい高い場所に陣取るが、早いもの勝ちというルールもある

ネコに歯磨きは必要なの？

　子ネコのときから毎日口の中を清潔に保つように習慣づけておくことは、歯周病を予防し、**ネコに長生きしてもらうための秘訣**ともいえます。特にウエットフードなどやわらかい食餌がメインのネコは、ドライフードを食べているネコより歯が汚れやすく、歯石ができやすくなります。

　子ネコのときから口の中を触ることに慣らしておくのがベストですが、時間はかかるものの、成ネコになってからでも根気よく歯磨きに慣らしていくことはできます。いきなり歯磨きをすると嫌がられるので、まずは、ネコがリラックスしているとき顔を撫でながらさりげなく口もとや歯に触れたりして、口を触られることに対する抵抗をなくします。次は、人差し指にガーゼを巻いて少しお湯で濡らし、歯に触れてみます。ガーゼにネコの好きなウエットフードの汁などをつけると、「ガーゼで歯を触られる＝おいしい」と関連づけられます。

　決して無理強いせず、初めは牙（犬歯）1本、1秒だけでもOK。ガーゼを巻いた指を口の横から入れて、徐々に触れる歯の本数を増やしていき、歯の外側を、やさしく円を描くようにこすります。このとき、右利きの人なら左手でネコの頭を後ろから包み込むように軽くもって固定し、親指と人差し指でくちびるを上に軽くめくるようにします。ガーゼでこするだけでも十分に効果はありますが、できる場合は歯ブラシ（ネコ用や乳幼児用）を使うとより効果的です。1回30秒程度の歯磨きが週2回できれば上出来です。歯磨きが無理な場合でも、最近は、いろいろなデンタルケアグッズが販売されているので、じょうずに利用するとよいでしょう。

第 3 章

ネコと人とのコミュニケーション

大好きな飼い主との
コミュニケーション方法は？

第2章でネコ同士のコミュニケーションを解説しましたが、ネコは大好きな飼い主に対しても、同じようにコミュニケーションをとっています。

1. 尻尾立てや鼻キスあいさつ

飼い主が外出先から帰ってきたり、反対にネコが散歩から帰ってくると、ネコは尻尾を立ててうれしそうに飼い主に寄ってきます。これは子ネコのとき、母ネコが帰ってきたときにしていたしぐさのなごりで、**親愛の情を示すあいさつ**です。人は、背丈が大きいので鼻同士のキスは無理ですが、だした手や指にキスをしてくれます。

なかには後ろ足を立てて飼い主の足に登るように背伸びしたり、飼い主のいる近くの高いところに上がったりして、飼い主となるべく同じ視線の高さで鼻キスあいさつを試みようとするネコもいます。実際はキスではなくにおいを確かめているのですが……。

尻尾を上げて「おしりのにおいもどうぞ」とおしりを向けてくるネコもいますが、決して飼い主に嫌がらせをしているわけではなく、ネコにとっては親愛の情を表すあいさつなのです。

2. 顔、頭、体や尻尾をスリスリ

あいさつが済めば、自分の顔、頭、体や尻尾を、飼い主の足にスリスリしてきます。おでこ、口の周り、あごや尻尾の付け根の背面にある分泌腺から出る、自分のにおいをこすりつけているのです。このため、これらの部分に触れられるとグイグイ押して

くるネコもいます。

　もちろん、飼い主のにおいも自分に付くので、仲間のにおいをつくりだしているのです。この仲間のにおいはネコに安心感を与え、飼い主がネコにスリスリされれば、**仲間として認められた証拠**といえるでしょう。

　なお、食餌をあげようとすると、ネコは尻尾を立てて飼い主の足にスリスリとからみついてきます。これも母ネコが餌（獲物）をもってきてくれたときの子ネコのときの習性が残っているためです。つまずきそうになることもありますが、なるべくゆっくりと行動し、ネコを間違って踏まないように気をつけましょう。

①尻尾立てや鼻キスあいさつ。
「尻尾立てて寄っていくニャー」
「鼻キスあいさつしたいニャー」

②においの出る分泌腺。尻尾を立てて飼い主の足にスリスリしてくるのは、あいさつ、におい付け、ごはんのとき。「スリスリしてにおいを付けるニャー」

3. 尻尾の絡み合わせ

人が歩いていると、ネコが足に尻尾を絡み合わせてくるように並んで歩くことがあります。仲良しネコに尻尾を絡み合わせながら歩くのと同様、**親愛の情**を表しています。人が好きな人と手をつないで歩くのと同じですね。

4. なめ合う（相互グルーミング）＋ゴロゴロ

ネコがザラザラした舌で飼い主の手や顔をなめるのは、仲良しネコのグルーミングと同様、気持ちの通じ合った仲間への**愛情表現**です。なかには飼い主の腕などを軽く咬んだり、手や腕にグイグイと顔や頭を押しつけてきて撫でてくれと催促するネコもいます。

そんなときは、ネコの頭や首を撫でてあげましょう。そうすれば相互グルーミングの成立です。ネコは目を閉じたりゴロゴロとのどを鳴らしたりして、飼い主とのスキンシップを満喫するはずです。また、子ネコのときからブラッシングのくせをつけておけば、リラックスしてブラシでのグルーミングを好むネコもいます。

5. 暑くてもくっつく、相手を枕にしながら一緒に寝る

ネコがいつも飼い主の近くにいるなら、ネコから信頼されている証拠。自ら飼い主の膝の上に乗ってくるようなら、ネコは飼い主を**100%信頼**しているといってもいいでしょう。暑いときに乗ってこられると、少しうっとうしく感じることもありますが、できるだけ信頼を裏切らないように、時間と体力が許すかぎり歓迎してあげましょう。

また、室内のみで飼われるネコが増えるにつれて、ネコを夜、寝室に入れたり、同じベッドで寝たりする飼い主の数も増えてい

ます。もちろん、衛生面などに気をつけ、事情が許せば、の話ですが、飼い主に体をくっつけて、足元や枕元で安心してスヤスヤと眠るネコの姿を見ることは、飼い主にとって至福のひとときとなるに違いありません。

ただし「寝室に入れる」か「寝室に入れない」かは一貫することが大事です。「週末だけはダメ」といっても、ネコは理解してくれません。

こうやって見ると、ネコは大好きな飼い主にも、仲良しネコに対するのと同じようなコミュニケーションをとっています。これに加えて、子ネコのときのように鳴き声であいさつしたり、要求したりすることが、人に対してとても有効なコミュニケーションの方法であることも、ネコはしっかり学習しています。

③並んで歩くときなどに尻尾を絡ませてくる、人だとふくらはぎあたりに絡ませてくる

④飼い主がネコの首や頭を撫でてあげれば相互グルーミングが成立する。「ゴロゴロ〜」

⑤相手を枕にしながら一緒に寝る。「腕まくらで寝る幸せニャー」

31 前肢でモミモミするのはなぜ？

　ネコがリラックスして飼い主の膝の上に座っているときなどに、前肢を交互にリズミカルにモミモミ、コネコネするしぐさをすることがあります。これは、子ネコのときに母ネコのオッパイを飲む際にしていたしぐさのなごりだと考えられています。

　母ネコのオッパイに刺激を与えることで**母乳の分泌が促されるから**です。哺乳瓶のミルクで育てられた子ネコもモミモミのしぐさをするので、生まれてオッパイ（哺乳瓶）に吸いついたときに本能的に出るしぐさだと考えられます。

　成ネコになってモミモミしているとき、本当に母ネコのことを思いだしているかどうかはわかりませんが、毛布やクッション、飼い主の膝に乗っていると、暖かくてやわらかいその感触から、幸せな気持ちに浸っていることは間違いなさそうです。

　モミモミしているときには、「ゴロゴロ」とのどを鳴らしたり（オッパイを飲み始めたときの、母ネコとの最初のコミュニケーションでもある）、オッパイを飲むように毛布やセーターなどに口をつけてチュウチュウと吸い付くこともあります。

誤ってウール製品を食べないように注意

　子ネコも8週目ごろまでには完全離乳しますが、あまり早い時期に母ネコから離されたネコは、十分に甘えることができなかったために、成ネコになってからも「赤ちゃん返り」してチュウチュウしてしまうことがあります。

　このとき、チュウチュウ行動で**ウール製品を食べてしまうような行動に発展しないように注意**しなければなりません。モミモ

第3章 ネコと人とのコミュニケーション

ミ行動は若いネコだけでなく、4〜5歳になってから突然始めるネコ、生涯モミモミをし続けるネコなど個体差があり、実のところなにがきっかけになって始めるのかわかっていません。

ネコが膝の上に座って気持ちよく前肢をグーパーと握ったり開いたりしてモミモミに力が入ると、ネコの爪が伸びている場合、思わず「痛い！」といいそうになることもあります。そんなときは、薄いクッションやバスタオルなどをそっと自分の膝の上に置いて、母ネコになったつもりで存分に甘えさせてあげましょう。

子ネコはミルクの分泌がよくなるように、母ネコのオッパイをモミモミする。成ネコになってモミモミするのは、ネコが幸せな気分に浸っているとき。モミモミに力が入りすぎて、爪が痛いときは、薄いクッションなどを挟むとよい

飼い主にお腹を見せる理由は？

　ネコが飼い主のそばにやってきて、ゴロンとお腹を見せて転がり、手足を上に伸ばして飼い主のほうを見ることがあります。やわらかいネコの急所ともいえるお腹を見せるのは、飼い主にすっかり心を許し、**安心してリラックスしている証拠**です。

　お腹をだして気持ちよさそうにしているので、撫でて欲しいのかと思いきや、手を伸ばすとネコパンチやネコキックが飛んできたり、前肢や後肢で腕をつかんで、咬みつこうとするネコも少なくありません。

　ネコによって個体差がありますが、お腹は大変敏感な部分なので、いくら大好きな飼い主でも、触られたくないネコもいるのです。ネコには1匹1匹、撫でられ方にもこだわりがあるので、日ごろからどこをどれぐらいの力加減や速さで撫でられるのが好きなのかを、把握しておくとよいですね。

　このゴロンと転がった体勢は、子ネコのときに兄弟ネコと遊んでじゃれるときによくするポーズですが、ネコの防御体勢でもあるため、ついつい**反射的に飼い主の手にネコパンチやネコキックをしてしまう**こともあるようです。手の動きが速ければ、なおさら狩猟本能がかき立てられ、反射的に手をつかもうとするでしょう。その後「ちょっとまずかったなー」とバツの悪そうな顔をするネコもいます。

　また、お腹を撫でられて気持ちよさそうにしていても、あまりしつこく撫でたり、撫で方が気に入らないと、ネコは徐々にイライラしてきて、ネコパンチやネコキックをだしたり、咬みついてくることもあります。日ごろからネコの様子を注意深く観察して、

第3章 ネコと人とのコミュニケーション

手をじっと見たり、体を横にねじったり、尻尾を振り始めたりしたら、撫でるのをやめましょう。

　なお、避妊していないメスネコがヒステリックに鳴き、ゴロゴロと体をくねらせて床に転がり、飼い主に執拗にまとわりついてくるときは、発情期である可能性が高いです（178ページ参照）。

飼い主の前でゴロンとお腹を見せて転がるのは安心しきっている証拠。といっても、お腹を撫でて欲しいとはかぎらない

子ネコのときに兄弟ネコとじゃれて遊んだり、ネコの防御体勢のポーズでもあるので、ついついネコパンチがでてしまうこともある

なぜパソコンのキーボードや新聞の上に乗ってくる？

　ネコが、パソコンのキーボードの上やその周りに寄ってくるいちばんの理由は、そこに飼い主がいたり、キーボードに飼い主の**なじみのあるにおいが染みついていたりするから**です。2番目の理由は、そこが**暖かくて心地よいから**。また、パソコンの画面に興味津々なこともあります。動きのある動画などが流れると、飼い主の膝の上にちょこんと座って、一緒に画面に見入るネコもいます。

　キーボードのほかにも、印刷機やコピー機、炊飯器などに乗って器用にうたた寝しているネコもいますが、パソコンを始めとするこれらの電化製品は、場合によって温度が上がりすぎます。コンセントに触れれば、感電事故にもなりかねませんから、注意が必要です。また、ネコの抜け毛が機器の内部に入り込めば、電化製品の寿命が縮まることにもつながるので、なるべくなら膝の上に乗ってもらい、一緒にパソコンの画面を見てもらうほうが無難ですね。

飼い主の邪魔をしたいのか？

　また、飼い主が新聞を読んでいると、ネコがどこからともなくやって来て、新聞の上にゴロンと転がることがあります。わざわざ邪魔しに来たとしか思えませんが、ネコはもともと**木を思いださせるような新聞の感触が大好き**です。わざわざ買ったネコ用の座布団より、読み終えた新聞の上で寝るのを好むネコもいるほどです。

　飼い主がカシャカシャと音を立てて新聞をめくれば、新聞好きのネコは、その音に刺激され、ついつい我慢できずにやって来ま

す。ネコもちょうど退屈していて、同じように(動かず)「退屈そうにしている飼い主の相手をしてやろう」と思っているのかもしれません。

そんなとき、ネコを無理やりどけようとすれば、ネコは「やっぱり飼い主は暇だから手をだしてきた」と思い、ますます調子に乗ってきます。ネコは「新聞乗り」が飼い主の注意を引く行動であることをしっかり学習しているのです。

ノートパソコンの上に乗るネコ

複合機の上に乗るネコ

新聞紙の上に乗るネコ

ネコは暖かいパソコンのキーボードや、カシャカシャ音がする新聞の上に乗るのが好き。大好きな飼い主の注意を引くために乗ることもある

人との社会的距離はどれくらい？

　ネコがほかのネコと社会的距離を保つことは、54ページで解説しましたが、もちろん、同様に**飼い主との社会的距離**もあります。飼い主に懐いているネコなら、身の危険を感じて逃げようとする**逃亡距離**や、身を守ろうとして威嚇や攻撃に出る**危険距離**はないに等しいといえますが、飼い主に触られるのを嫌がり、飼い主と一定の距離を置きながら一緒に暮らしているネコもいるでしょう。

　しかし、飼い主に懐いているネコでも、場合によっては社会的距離が生じることもあります。たとえば、体のどこかに痛みがあったり、体調が悪かったりすれば**逃亡距離**が生じ、飼い主が近づくと逃げることもあります。さらに飼い主が近づき、逃げ場がなければ、威嚇や攻撃に出ることもあるかもしれません。

　また、いつもと違うにおい（飼い主が外で触ったほかのネコのにおい、香水のにおいなど）がしたり、普段、生活する家の中では逃亡距離がなくても、まったく違う場所、たとえば脱走などして家の外で出会えば、逃亡距離が生じて、飼い主を見ても逃げることがあります。

　飼い主に懐き、膝の上で撫でられたりブラッシングされてリラックスしているようなネコは、飼い主に対する**個体距離**も密接する距離──つまり0cmといえます。

　しかし、一度でも嫌な経験（痛い思い）をすれば、恐れや不安といった感情が思いのほか早く条件づけされてしまいます。こうなると同じような状況において、次回からは嫌がるようになってしまうので注意が必要です。

第3章 ネコと人とのコミュニケーション

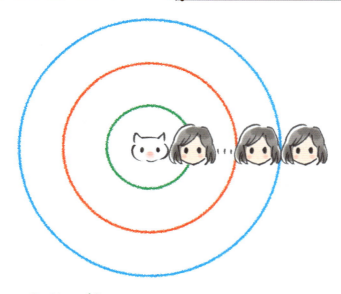

個体距離⋯ 飼い主や仲間のネコが接近できる距離

危険距離⋯ 人がそれ以上近づいたら攻撃する距離

逃亡距離⋯ 人がそれ以上近づいたら逃げる距離

飼い主に懐いているネコでも、場合によっては飼い主に対する社会的距離が生じることもある

なぜ人に懐かないネコがいる？

　飼い主のそばでくつろぎ、心をすっかり許すネコがいる一方で、飼い主とも一定の距離をとって警戒心をなかなか解かないネコがいるのはなぜでしょうか？

　ネコは同じような環境で育っても、臆病なネコ、好奇心旺盛なネコ、おとなしいネコや活発なネコなど、1匹1匹キャラクターが違います。ネコのキャラクターには（子ネコのそばにはいないであろう）父ネコの遺伝子も影響します。

　しかし、ネコが人に懐くかどうかは、子ネコが**社会化期**とも呼ばれる、生後2〜8週ぐらいまでの間に、どのように暮らしたかが大事な鍵を握っています。

　生まれてすぐは、母ネコのもとで、ただただミルクを飲んでは眠るだけの子ネコも、生後2週間を過ぎれば、周囲に少しずつ興味を示し始め、五感をフルに活用してさまざまな刺激（音、におい、感触、味）を吸収し始めます。そして、生後8週間ごろまで、母ネコや兄弟ネコとの触れ合いを通じて、ネコ同士のコミュニケーション方法や多くのことを学びます。

　この時期（理想的には生後12週間ごろまで）に十分、母ネコや兄弟ネコと過ごすことで、精神的にも安定し、社会環境に適応しやすく、ほかのネコや人ともうまく付き合っていけるネコに育つ基盤ができあがります。なんといっても、**この時期に母ネコが近くにいる**ということが大事なのです。

　子ネコは、母ネコの人に対する態度をよく観察しており、人に心を許して懐いている母ネコの態度から、自然と人を好ましい仲間だと学びます。母ネコの存在が子ネコに安心感をもたらし、

子ネコはなにに対してもリラックスした状態で好奇心を示し、**学習能力を100%フルに活用できる**からです。

　同時期に、いろいろなタイプの人やほかの動物を見たり、触れ合う機会を持ち、好ましい経験をすることで、それらを恐れる必要がないということも学びます。人と接触（膝に乗せたり、撫でるなど）する時間を、1日に30〜40分取れれば理想的ですが、たとえ1日に10〜15分でも人と友好的なコンタクトがあれば、人を怖がることがなくなります。

　もちろん、社会期を過ぎてからの人との経験（友好的なコンタクト）も重要ですが、社会化期に人との信頼関係を一度築いたネコは、その後、飼い主に捨てられたり、いじめられるなどの嫌な経験をしても、寛容なネコのことですから、人の努力次第で新たに信頼関係を取り戻すことは、そう難しくありません。とはいえ、嫌な経験が増えれば増えるほど、時間が経てば経つほど、人との信頼関係を築き直すのは難しくなります。

子ネコは、生後2〜8週間（理想は生後12週間まで）ごろまで母ネコや兄弟ネコと過ごすことで、ネコ同士のコミュニケーションを身につける。この時期に人とも友好的なコンタクトがあれば、人に懐くネコになる

36 お客さんがくると コソコソ隠れるのはなぜ？

　飼い主には懐いているネコでも、知らないお客さんが訪れると、どこか（自分の姿は見えないけれど、周囲は観察できるような場所）に隠れようとします。普段は、ずうずうしい顔をしていちばんよい場所に陣取っているようなネコが、あたふたと焦って真っ先に逃げることもあります。

　ネコは警戒心の強い動物ですから、これは**危険を避けたいネコの野生の本能**といえます。なかには誰が来ようが動じなかったり、誰にでもすり寄っていくような、とても社交的なネコもいますが、そんなネコのほうが珍しいといえるでしょう。

　しかし、人に懐いているネコなら、しばらくしてお客さんがなにもしないとわかれば、たいてい距離を取りながらも姿を現します。特定の人（お客さん）だけを怖がる場合は、以前によく似たタイプの人にいじめられたなどの嫌な経験があったり、なんらかのにおい（ほかのネコやイヌなど）がするのが原因であることもあります。

ネコには慎重にアプローチする

　ネコが姿を見せても、お客さんが大のネコ好きで、ネコをジロジロ見つめたり、無理やり触ろうとしたりすれば、ネコは威嚇されていると感じてその場から逃げようとします。

　お客さんがネコと仲良くしたい場合は、なるべくネコに注目せず、ネコが近くまで寄ってきたら威圧感を与えないように自分の身をかがめます。そして、なるべく小さい姿勢で、そっと手の甲を差しだし、ネコににおいを嗅いでもらうようにします。においを

第3章 ネコと人とのコミュニケーション

確認したネコからOKが出れば、そのまま額や首の辺りをゆっくりと、軽く撫でてもらえば良いでしょう。

遊ぶのが好きなネコなら、ネコじゃらしなどで遊んであげたり、ネコのおやつをあげるなどすれば、ネコとの距離は縮まるはずです。ネコは、自分の好きなときだけ、撫でたり遊んでくれる人が好きなので、決して無理強いせず、**ネコの気持ちを尊重**することが大事です。

なお、お客さんのことを非常に怖がり、まったく手の届かないところに入り込んで隠れてしまったり、「自分のなわばりに入ってくる侵入者」と見て威嚇してくるような場合は、ネコをそれ以上怖がらせたり、興奮させたりしないように、ネコとの距離を保ったほうが無難です。

お客さんが来ると隠れるのは、危険を避けようとするネコの本能。お客さんがネコと仲良くしたいときは、ネコにまったく注意を払わず、ネコが近づいてくるまで待ってもらう。おもちゃやおやつを利用してもよい。あくまでもネコの気持ちを尊重する

撫でられた後、毛づくろいしたりするのはなぜ？

　お客さんなど、あまり知らない人に撫でられた直後、ネコが躍起になって**毛づくろい**を始めることがあります。人にたとえると、誰かと握手した後に、「汚い」といわんばかりにすぐに手を洗うような行為で、ちょっと失礼に感じるかもしれません。

　しかし、ネコにとって自分のにおいは、アイデンティティーともいえる、自分であることの証です。社交性のあるネコは、社交辞令で一応、お客さんに撫でられてはみたものの、知らないにおいを消して、自分が馴染んだにおいを付け直さなければ落ち着きません。ネコにとっては、自分のにおいや仲間（飼い主も含める）のにおいがするところがいちばん安心できるのです。

　飼い主が撫でた後に毛づくろいを始めることもありますが、それは飼い主のにおいが嫌なわけではなく、飼い主のにおいが少し強くなりすぎたので自分のにおいを付け足して、**においの混ざり具合をうまく調整**しているのではと考えられています。毛に付いた大好きな飼い主の汗のにおいを「味わっている」という説もあるようですが、真偽のほどはわかりません。

　また、飼い主のにおいがいつもと違う場合にも（外でほかのネコや動物を触ったり、違うクリームを付けたりするなど）、知らないお客さんに撫でられたときと同様、躍起になってにおいを消そうと毛づくろいすることがあります。

頭を振ることがあるのはなぜ？

　撫でられた後にネコが頭を振ることがあります。特に歩いていたり、活動中のネコの顔や頭を触ったり、撫でたりしたときによ

く見られます。これは触られたひげや、目の上や頬、あごに生えていて大事な役割がある、触毛（16ページ参照）の乱れを直して、元のポジションに直しているのです。触られて折れた耳のポジションを正していることもあります。「活動モード」に備えて、いつも**万全な状態**にしているわけです。

　なお、ネコが繰り返し頭を振っているような場合は、耳の病気（耳ダニが原因の耳疥癬、外耳炎、中耳炎など）や、耳に異物が入っていたり、脳、神経の病気の可能性もありますから、様子を見て獣医師に相談しましょう。

ネコは知らない人に触られると、そのにおいを消すためにグルーミングしたり、ひげなどの触毛の位置を直したりするために頭を振る

ネコは男性より女性が好きなの？

　本来、ネコはいじめられたなどの嫌な経験をしたことがないかぎり、特定のタイプの人(性別、年齢、肌の色、大きさ)に対する先入観や偏見はないようです。では、なぜ「ネコは男性より女性を好む」といわれることが多いのでしょうか？

　統計によれば、平均すると女性の飼い主のほうが、低い姿勢でネコに接し、膝に座らせたり撫でる時間が長く、なによりも男性の飼い主に比べて、ネコに話しかけることが多いようです。その結果、ネコも女性に話しかけることが多くなり、女性のほうに懐く、ということになっているのかもしれません。

　また、一般的に女性のほうが男性に比べて、体がやわらかく、トーンが高めの静かな声で話すことも、ネコに好かれる要因になっているようです。多くのネコ好きの女性にとって、ネコが母性本能をくすぐる存在であり、じょうずに抱けることも否定できません。決して男性がネコから嫌われているわけではありませんが、平均すると、**ネコの扱いが女性よりも少々荒っぽくなるため、ネコから敬遠される**こともあるのでしょう。

ネコに好かれたければ穏やかに

　「オスネコは女性を、メスネコは男性を好む」という説もよく聞かれますが、真偽のほどはわかりません。長い間、女性だけに飼われていたネコは女性を、反対に長い間、男性だけに飼われていたネコは、やはり男性を好む傾向があるようです。

　子供はネコを乱暴に扱ったり、ネコが予想できない急な動きをしたりすることがあるので、子供が苦手なネコも多くいるようで

第3章 ネコと人とのコミュニケーション

す。やはり、女の子のほうが男の子よりもネコを撫でる時間や話しかける時間が長く、扱いがうまいようです。

ネコは、性別や年齢にかかわらず、穏やかな人（動きや話し方も）を好み、基本的にかまって欲しいときだけかまってくれる人を好みます。日ごろから、**ゆったりとした動作**を心がけ、**ネコの気持ちを尊重**すれば、ネコに懐かれやすくなります。

男性に比べて女性（女の子）のほうが、ネコと触れ合ったり、話しかけたりする時間が長い

39 ネコは人やほかのネコに嫉妬するの？

「恋人が家に遊びにくると、普段かわいがっている飼いネコが、その様子を嫉妬するような目でジーッと見つめたり、まるで邪魔するかのように2人の間に入ってきたり、あげくの果てには、嫌がらせするかのように、恋人の持ち物にオシッコした……」「飼い主に赤ちゃんができると、ネコが赤ちゃんに嫉妬して、いたずらしないか心配……」などと相談を受けることがあります。

多くの飼い主さんが「うちのネコが嫉妬して……」という表現を使います。これは本当に嫉妬でしょうか？

ネコは、いままでと違うにおいが持ち込まれたり、飼い主が自分に対していつもと違う態度をとると、素早く察知します。いつもの規則正しい生活が乱され、食餌の時間や寝る時間が変わったり、遊んでもらえる時間や撫でてもらえる時間が減ったり、自分の居場所が制限されたり（寝室に入れてもらえなくなるなど）するのですから。

それを、ネコは、嫉妬らしき行動で飼い主にアピールしていると考えることはできます。しかし、人の嫉妬のように、複雑で根深いものではなく、**その瞬間の感情と結びついた行動**といえるでしょう。

自意識を持たないネコでも嫉妬する？

これまで、人やチンパンジー以外の動物には、**基本の感情**ともいえる、怒り、恐れ、不安、喜び、悲しみ、愛着、好奇心、驚きなどという感情はあっても、**第2の感情**ともいわれる嫉妬、自尊心、共感、罪悪感、羞恥心、困惑などという感情はないだろうと

考えられてきました。なぜなら、第2の感情は自己意識から発達する感情で、（鏡に写る）自分の姿を認識できない動物には自己意識もない、という説からです。

しかし、動物の感情を研究する英国・ポーツマス大学の心理学者、ポール・モリスが、2年以上ペットと暮らして、ペットとの強い絆を持つ約900人の飼い主の協力をもとに、近年行った調査では、ペット（イヌ、ネコ、ウマ）が、第2の感情の中で**嫉妬という感情を基本の感情と同じぐらい強く表す**という結果がでています。

ネコが本当に嫉妬しているのかどうかは、そのネコのことを日ごろからいちばんよく知っている飼い主が、ネコの様子や行動から判断、解釈するしかないというのが本当のところです。いずれにしても、ネコが嫉妬していると感じたら、忙しくてもなるべくいままでどおり、ネコと接するように心がけましょう。

かまってくれないとネコも嫉妬する？

ネコは人ではなく家につくって本当？

「イヌは人につき、ネコは家につく」とよくいわれますが、本当のところはどうでしょうか？ 引っ越した後に、ネコが以前の家に戻るケースが多くあったことから、このように語られるようになったようです。

しかしこれは、飼い主に十分な食餌をもらえず、ネズミなどの獲物を捕って暮らし、現在のようにネコがそれほど人の暮らしに密着していなかった、ひと昔前の話です。

実のところ、引っ越し先でネコをすぐ外にだしてしまい、**ネコが道に迷って家に帰れなくなることも多い**のです。飼い主が「前の家に戻った」と思い込んだり、近所の人が似たようなネコがうろついていただけで、「〜さん家のネコが戻ってきた」と思い込んでいることもあるのです。

仲間もなわばりの一部

ネコが自分のなわばり、すなわち、食べ物があって安心できる場所に執着するのは周知の事実ですが、仲間と一緒に暮らすネコにとっては、**仲間も大事な、なわばりの一部**です。顔や頭をスリスリとこすりつけて、共通のにおいを共有する仲良しネコや飼い主と強い絆で結ばれているようなネコにとっては、信頼できる仲間（飼い主）がいるところが、安心できるなわばりです。

飼い主は、食餌を与えてくれるという大事な役割がありますが、ネコにとってはそれ以上に、強い絆で結ばれている仲間の一員なのです。

もちろん、引っ越しはネコにとっても人にとっても大きなスト

第3章 ネコと人とのコミュニケーション

レスです。ネコが戸惑って隠れたりすれば、飼い主は「家が変わって苦痛なのか……」と心配するかもしれません。しかし、ネコはとても適応力にすぐれた動物です。飼い主とネコとの強い信頼関係ができていれば、飼い主の努力次第で、新しい環境（なわばり）にも慣れることができます。

　最初は1部屋から慣れさせ、徐々に安全で快適な環境を整えてあげること、飼い主がいつもどおりにネコとスキンシップをとること（毎日撫でたり声をかけたり、遊んであげること）が、ネコにとってはいちばん大切なのです。

ネコにとっては信頼関係のある仲間もなわばりの一部。仲間と一緒に引っ越しして、仲間のにおいがすれば多少は安心でき、また新しいなわばりをつくり始める

人がネコを飼うメリットは？

ネコ好きにとってネコは、まさにそこにいるだけで、見ているだけで心がなごむ存在です。特に少し落ち込んでいるときや不安なときには、家族や友人とは違った意味で、小さな生き物が、黙ってそばで静かに話を聞いてくれるだけで、無邪気に遊んでいる姿を見るだけで元気がでてきます。

この癒し効果だけでも十分なのですが、実際にネコと触れ合って暮らすと血圧が下がったり、ストレスを感じたときに分泌される、コルチゾールというホルモンが減少し、**ストレスが緩和されること**も科学的にも証明されています。

また、子供にとってネコは、触れ合ったり、一緒に遊んだりするよき友達として楽しい時間を過ごせるだけでなく、他者への愛情や他者を思いやる心が育まれる存在です。ネコの世話をすることで責任感も学びます。

実際、ネコ（やイヌ）と一緒に育った子供は、ネコを観察することで、人の表情を読み取る能力を身につけ、後にグループ生活に適応しやすくなるとの報告もあります。

子供のころにネコを飼っていると、大人になってからもネコを飼う傾向が強いことから、子供のときにネコとのコミュニケーションの方法を身につけ、ネコに対するなんらかの絆ができていると考えられます。

さらに、乳幼児期にイヌやネコがいる環境で育つと、アレルギー反応が起こりにくい体の免疫バランスを整えるメカニズムが強化され、**アレルギー疾患の発症リスクが低下することを裏付けるかのような論文**も多く報告されています。

もちろん、ネコは命のある生き物です。ネコと暮らすにあたっては、アレルギーの有無、適した住宅事情であるかどうか、衛生管理、健康管理やそれにともなう時間や費用も十分に考慮しなければなりません。
　そのうえで、ネコが安心できる環境を整えて、最後まで責任を持ち、十分な愛情を注いでネコと一緒に暮らすことができれば、人はネコから計り知れないほど多くの恩恵を受けることができます。

ネコには不思議な癒しの力がある

COLUMN 03

ネコの年齢を人の年に換算する方法は？

　食生活の向上や獣医療の進歩にともない、最近は20歳以上の飼いネコも珍しくありません。イヌに比べると、ネコは高齢になっても行動のパターンが比較的変わらず、老いの兆候もそれほど顕著には見られないことも多く、10歳を過ぎても子ネコのときのようにネコじゃらしを追いかけ、高いところにも平気で上がることができるネコも多くいます。もちろん、ネコ種や生活環境、食生活などによって大きな個体差がありますが、ネコは何歳ぐらいから高齢と呼ばれるのでしょうか？

　ネコの年齢を、人の尺度で人の年齢に置き換えると、年齢の目安となり、自分の年と比べることで「実は自分よりも年を取っているんだなぁ」などと親近感も湧いてきます。文献や資料などにより多少の違いはありますが、1歳から1歳半で成長期も終わり、**2歳で人の24歳、2歳以降**[※]**は、1年で4年ずつ年を取っていく**と考えればよいでしょう。

　去勢・避妊手術をしたネコは、そうでないネコに比べて平均寿命が数年延びるという報告もあります。ネコに幸せで長生きしてもらう秘訣は、ネコに適した生活環境をつくること、健康管理や食事管理に気を配ること、飼い主が十分に愛情を注ぐことです。

　ちなみに、厳しい環境で生活する、飼い主のいないノラネコの年齢は、2歳以降は1年で人の8年ずつ、つまり飼いネコの2倍の速さで年を取ると考えられています。8歳の飼いネコが人でいうと中高年に入った48歳（24＋24）であるのに対して、8歳まで生き延びることができたノラネコの年齢は72歳（24＋48）ということになります。

※2歳以降の飼いネコの年齢換算式は、24＋（ネコの年齢−2）×4。

第4章

ネコの行動の秘密を解き明かす

ネコは1日なにをしているの？

まずは、ネコが1日、なにをしているのか大まかなところを把握しておきましょう。ネコの年齢や環境、個体差にもよりますが、ネコは**1日のおよそ3分の2**、平均すると13〜16時間を、何回かに分けて**休息したり、眠ったり**して過ごします。

そして獲物を探して捕らえて食べる時間におよそ3時間半、毛づくろいなど体のお手入れにおよそ1〜3時間、残りの時間はパトロールなど、活動する時間に費やしています。

人と一緒に暮らすネコは、飼い主が食餌を与えてくれるので、獲物を捕って食べる時間は、飼い主や場合によってはほかのネコと遊んだりスキンシップする時間と考えればよいでしょう。飼い主が、ネコと触れ合う時間が十分に取れなければ、ネコの眠る時間はそれにつれていっそう長くなります。

ネコは薄明薄暮性の動物で、本来、早朝や夕方にもっとも活動的になります。しかし、外に遊びに行ってネズミなどを捕っている飼いネコは、実際には（真夏を除き）狩りの50％は日中にしているという報告もあります。多くの飼いネコは、これほど1日の生活を人の生活リズムにじょうずに合わせています。

ネコは時計がなくても時間がわかる

室内のみで生活する飼いネコも、飼い主が家にいるときは、料理をするのを観察したり、パソコンやテレビを一緒に見たりと、飼い主のすることに参加し、飼い主と遊んだりスキンシップする時間を楽しみます。飼い主が外出すれば**休息モード**、飼い主の帰宅とともに**活動モード**になり、飼い主の就寝時間に合わせて、

第4章 ネコの行動の秘密を解き明かす

一緒にベッドに入ってくるようなネコもいます。

　飼い主のほうも、知らず知らずの間にネコの生活リズムに合わせて、食餌を催促されて起きたり、ネコの眠っている姿を見ながらついつい寝坊したり……しているのです。

　ネコは、時計がなくても時間の感覚が備わっています。自然界で暮らすネコは、狩りに行くのに最適な時間を知ったり、ライバルネコと鉢合わせしないようにパトロールの時間をずらしたり、時間を把握することが、生き延びるためにも重要な意味をもっています。

　飼いネコも、目覚ましが鳴る少し前に起きたり、食餌の時間になるとやってきたり、飼い主の帰宅する直前に玄関をウロウロし始めたりなど、**体内時計が備わっているとしか考えられないような行動**をとります。人と暮らすのにともない、曜日の感覚を持ち合わせるネコもいるようです。規則正しい生活リズムは、ネコに安心感を与えます。

室内ネコの大まかな1日。ネコはネコなりに飼い主の生活に合わせて、しっかりと1日のスケジュールを組んでいる。ネコが本来、獲物を探して捕る時間は、飼いネコの場合、飼い主と遊んだりスキンシップをとったりする時間となる

ネコはなぜいつも寝ているの？

　ネコが1日のおよそ3分の2を過ごす**眠り**について考えてみましょう。なぜネコはそんなによく寝るのでしょうか？　哺乳動物では、アラゲアルマジロのように1日に20時間近く眠る動物もいれば、ウマやロバのように2.5〜3時間ほどしか眠らない動物もいます。睡眠時間の長短には、食餌の種類（肉食、草食、雑食）や環境が大きく影響することがわかっています。

　ネコを含む肉食動物は、獲物を捕らえて食べるとき以外はなるべくエネルギーを無駄に消費しないよう、眠る時間が長くなります。一方、草食動物は、低カロリーの食餌をたくさん食べる必要があるので、それに費やす時間が長くなり、また、睡眠中に肉食動物に狙われる可能性もあるため、睡眠時間を少ししか取れません。

　肉食性、草食性、雑食性のそれぞれの哺乳動物のなかでは、**体のサイズが大きくなるほど、睡眠時間が短くなる傾向**にあります。これは、体のサイズ（体重）が大きい動物のほうが、基礎代謝率が低く、つまり体重の割にはエネルギー消費が少なくなり、それにともない、体や脳を休息させるための睡眠時間も短くて済むためと考えられています。

　とはいえ、同じような仲間に属し、大きさも同じような動物種の間でも、睡眠時間が大きく違うこともあり、「（私たち人も含め）なぜ長く眠る必要があるのか？」という睡眠の謎は、いまも完全には解き明かされていません。

　ネコは、平均すると1日に13〜16時間を、何回かに分けて眠ります。睡眠時間は年齢にも左右され、子ネコや高齢ネコの睡眠

時間は18〜20時間に及ぶこともあります。睡眠時間は、季節（気温）によっても変わり、寒い時期のほうがやや長くなります。また、安全な寝場所の確保されている完全室内飼いのネコのほうが、外で暮らすネコよりも、長く眠る傾向があります。

睡眠時間は動物の種類によって異なる。体重がネコと同じくらいのアラゲアルマジロ（Large Hairy Armadillo）は、1日に20時間近く眠る

イエネコの平均睡眠時間は13.5時間、ジャネット（ジャコウネコ科）の平均睡眠時間は6.1時間。同じような仲間でも睡眠時間が違うこともある

ネコの眠りのサイクルは？

　睡眠時間だけでなく眠りのサイクルも、動物の種によってずいぶん異なります。睡眠研究の先駆者である生理学者のミッシェル・ジュヴェ（Michel Jouvet）は、1959年にネコを使った研究で、ネコにも人と同様に、**レム睡眠**があることを発見しました。レム睡眠は、脳波パターンは起きているときと変わらないのに体が眠っている状態で、逆説睡眠とも呼ばれていました。

　レム（REM）の由来は、急速眼球運動という意味のrapid eye movementです。睡眠中、眼球が閉じたまぶたの下で素早く動く状態があることから、この名がつけられました。レム睡眠中は、目覚めているときと近い脳波パターンが示され、通常の眠りである**ノンレム睡眠**と区別されます。

　脳はノンレム睡眠で活動を低下させて休息しますが、レム睡眠では活発に働き、大脳の発達が著しい動物ほどこの2種類の眠りがうまく組み合わさって、脳のために効率的な眠りを構成していると考えられています。

　人を含む哺乳動物の眠りでは、ノンレム睡眠とそれに続くレム睡眠を1つの単位として、**睡眠サイクル**と呼び、通常、そのサイクルが何度か繰り返されます。人の睡眠のサイクルはおよそ90分で、通常はこれが一晩に4〜6回連続して繰り返されます。ネコの1つの睡眠サイクルは、浅い眠り（約15分）と深い眠り（5〜10分）の段階からなるノンレム睡眠と、その後に続く短いレム睡眠（5〜10分）を合わせた、およそ30分です。

　ネコのレム睡眠は、人と同様、全体の睡眠時間のおよそ20〜25％を占めています。ネコはこのサイクルが数回繰り返される睡

眠を、人のように1日に一度ではなく何度か取ります。しかし、ストレス状態が続くと、睡眠時間がいつもに比べて短くなったり、逆に長くなったりすることもあります。日ごろからネコのおおよその睡眠サイクルを把握して、安心して眠れる環境を整えてあげることが大切です。

また、ネコも高齢（11歳以上）になると、認知機能障害で眠りのサイクルが狂い、夜中に鳴き続けるなどの症状を見せることもあります。

ネコもおそらく夢を見ている

浅い眠りでは、筋肉は完全には弛緩しておらず、頭を上げ、外からの刺激――小さな物音などにもすぐ反応して耳を動かした

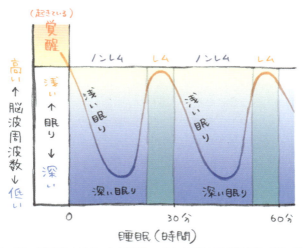

ネコの1つの睡眠サイクルは、およそ30分。ノンレム睡眠（眠り始めの浅い眠り→深い眠り、25〜20分）とレム睡眠（5〜10分）からなる

り、おいしいにおいがすれば、すぐに目を覚まします。前肢を折りたたんで隠すように座った、香箱(こうばこ)座りをしてリラックスしているネコは、興味のあることがなにも起こらなければ、そのうちウトウトして、そのまま浅い眠りに入ることがよくあります。

そして徐々に眠りが深くなって周りの刺激にもあまり反応しなくなり、体の筋肉の緊張も緩み、リラックスした熟睡状態になります。それに従い、脳波周波数や脳代謝量も低下することで、エネルギーを保持、つまり、脳も身体も疲れをとって休息していると考えられています。

引き続き、ほぼ全身の筋肉が緩んで体はグッタリしているのに、脳波周波数が眠りに入る段階までふたたび上がり、脳が覚醒時(起きている)に近い状態であるレム睡眠に入ります。体は眠っているのに、脳は起きているという状態です。

年齢とともに短くなっていくレム睡眠は、睡眠サイクルで**脳を深い眠りの状態から目覚めさせ活性化させ、記憶を整理したり定着させ、学習にも大切な役割を果たしている**と考えられています。ノンレムとレム睡眠の比率は、動物種によって違うことなどから、動物種による睡眠の比較研究は、今後も睡眠の謎を解くための大きな鍵になるでしょう。

なお、レム睡眠中に無理に起こすと、夢を見ていることが多いので、レム睡眠は人が夢を見るメカニズムに関係していると考えられています。レム睡眠のときに、ネコは手足や尻尾、ひげをピクピク動かしたり、ウニャウニャと寝言をいったり、ときには目を開けたまま(第3のまぶたともいわれる白い**瞬膜**(しゅんまく)がでたままになっているとちょっと怖いですね)眠っています。ネコも夢を見ているのではないかと想像できますが、どんな夢を見ているのかは、ネコに聞いてみるしかなさそうです……。

ノンレム睡眠中(浅い眠り)
ウトウトしている。音がすれば、耳をそっちの方向へ動かし、周りの刺激に反応する

ノンレム睡眠中(深い眠り)
熟睡中。めったなことでは起きない

レム睡眠中
筋肉が緩み、全身がすっかりグニャグニャで、手足や尻尾、ひげ、まぶたなどをピクピク動かすこともある

香箱のポーズで辺りを観察中。
なにもなければウトウトする

※このイラストのポーズは一例で、それぞれの睡眠段階を意味しているわけではない。

眠る場所や寝相に意味はある？

ネコが寝ている姿は、見ているだけで癒され、幸せな気分にしてくれます。体が柔軟なネコは、その場所に合わせてアッと驚くようなさまざまな寝相を披露してくれます。

ネコは基本的に、**静かで周囲を見渡せて、少し高いところにある安全な寝場所**を好みます。好みの寝場所は、ネコの警戒心の強さや季節（気温）にも左右され、ネコ1匹1匹の好みもさまざまです。

警戒心が強いネコほど、高い場所や反対にベッドの下など、または囲いのある場所など、ほかのネコや人の目につきにくく、すぐには人の手の届かないような場所を好みます。反対に、人の通り道や部屋の真ん中、つまりどこでも寝られるようなネコは、警戒心がなく、安心しきっているといえます。

警戒心の度合いによって、寝相も変わります。警戒中は寝ていても、なるべくすぐに立ち上がって体勢を整える必要があるからです。急所となるのどやお腹を隠し、スフィンクスのようなポーズや、手足や尻尾を隠すように丸くなったポーズで寝ます。反対に、仰向けでお腹をだし、手足を伸ばして広がって寝るネコは、警戒心もなく100％リラックスして安心しきっていると見てよいでしょう。

寒いときはお腹や額を隠す

室内で生活する飼いネコは警戒心をあまり持たないので、寝相は、季節（気温）に影響されます。寒いときには暖かく、暑いときは風通しのよい涼しい快適な場所を、飼い主より先に陣取って

いるネコですが、寒い(15度以下)ときには、なるべく熱を逃がさないように小さく丸まり、特に寒さに敏感なお腹や額を隠すように眠ります。気温が上がるとともに、体熱を発散できるように体を開き、夏の暑い日などは冷たい床の上などにダラーッと倒れるように伸びて寝ます。

とはいえ、寝相に関しては、人も横向き、うつ伏せ、仰向けなど好みの姿勢があるように、ネコにも好みがあるようです。

余談ですが、ドイツでネコの飼い主に行われたアンケートによると、「ネコが横向きで眠っているとき、左側より右側を下にして寝るネコが圧倒的に多い」という結果がでました。真偽のほどはわかりませんが、「右を下にして眠るほうが、心臓を圧迫しないので、リラックスしてよく眠れる」という説もあるようなので、ネコもそれを知っているのかもしれませんね。

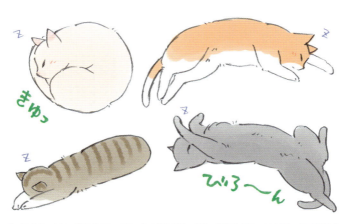

ネコは丸まったり、横向きになったり、うつ伏せになったり、仰向けになったりする。ネコの寝場所や寝相は、警戒心の度合いや気温、個々の好みなどによっていろいろ

46 なぜ用意したネコベッドで寝てくれない？

　ネコはそのへんに箱や袋が置いてあれば、たいてい中に入ろうとします。それが小さめの箱であっても、無理やり器用にスッポリと入ってしまいます。

　これは、野生時代にネコが自分を襲うような動物から身を守るために崖の割れ目や樹洞など狭い場所で眠っていたなごりで、**囲まれた場所にスッポリ入るとネコは安心できる**のです。このため、ネコは箱や袋を見ると、とりあえず快適であるかどうかをチェックするために入らずにはいられなくなるようです。

　また、ネコが高いところを好むのも、野生時代、周囲から危険な敵が近寄ってこないかを見張っていたなごりです。相手からは見えないけれども、こちらからの見通しがよい場所は安心でき、万が一、争いが生じても優位な立場に立てるという利点もあります。

　高いベッドを買ってあげても、なかなか気に入ってもらえないことがありますが、気まぐれなネコは突然使いだすこともあるので、しばらくは置いて様子を見ましょう。そこにネコのにおいのするタオルなどを敷いてやると、自分のにおいがするので、安心して寝る可能性も高まります。寝場所を1度使えば、そこには自分のにおいが染み付くので、気に入って使うようになります。

　ネコは、**寝場所にこだわり**があり、チョコチョコと寝場所を替える習性もあるので、寝場所をいくつか用意して、ネコに選んでもらうようにするのが得策です。ダンボールやかごなどを利用して、中に古くなったバスタオルやマットレスなどを敷き、部屋の隅など静かな場所に置いてあげれば、ネコに気に入ってもらえる

第4章 ネコの行動の秘密を解き明かす

ことは間違いありません。箱なら引っかかれて壊れてもすぐにつくり直せるので便利です。

気に入った寝場所は、温度に合わせて、暑いときには風通しのよい涼しい場所、寒いときには日の当たる暖かい場所に移動してあげるとよいですね。

変わったオブジェの中で落ち着くネコ。ネコのお気に入りの寝場所はさまざま

ネコは狭い場所に入るのが大好き。買ってあげたベッドよりもダンボール箱を好むこともある

かごの中で寝るネコ

段ボールでつくったハウスの中で寝るネコ

ネコは寝たふりをすることがあるの？

ネコにとって眠ることは、脳や体を休める大切な時間ですが、強いストレスを感じたときにも、目を閉じて**寝たふり**をすることがあります。この寝たふりは、「こっちが目を閉じて見なければ、相手からも見られないだろう」という、**周りとのコンタクトを断とうとする意味合い**があります。人が都合が悪いと、空寝をして、聞こえないふりをすることがあるのと似ています。

実際、動物保護施設に保護されたネコを、8カ月間観察した結果、ネコは初めの3カ月ぐらいは眠る時間（横になって目を閉じている時間）が長いことがわかりました。新しい環境でストレスを感じて寝たふりをしているのか、ストレス状態を克服するために長い眠りが必要なのかは微妙なところですが、3カ月を過ぎたころから眠る時間が減り、毛づくろいする時間や活動時間が増えました。

人に懐いている飼いネコでも、たとえば、騒がしい子供が休みなく部屋の中を走り回ったり、たくさんのお客さんを招いて大きな音楽をかけたりしている状況が長く続けば、その状況をストレスとして感じ、ほかに行き場がなければ、部屋の隅のほうで座って目を閉じたり、背中を丸めて目を閉じることがあります。音のする方向にしっかり耳だけを動かし、顔の表情も強ばって、リラックスしていない様子が感じ取れます。

寝たふりをしたネコは、警戒しながらもそのうちウトウトして本当に寝入ってしまうこともありますが、眠りが充実していないので十分にリラックスできません。ペットショップやキャットショーなどで、ケージに入ったネコが目を閉じて寝たふりを決め込むこ

ともあります。もちろん、退屈で寝るしかすることがないという理由からでもあるのですが……。

ストレスを感じたネコは、寝たふりをすることがある

キャットショーで狭いケージに閉じ込められてふて寝

あくびをするのは眠いから？

ネコは寝起きに、「よく寝た〜」という感じで、よく**あくび**をします。人が、疲れたり、退屈したり、眠いときにあくびをするのと同様、ネコも退屈したり、眠いときにあくびをします。あごがはずれないのかと感心するほど大きな口を開けて息を吸い込みます。

生理学的にあくびには、酸素を脳へたくさん送り込んで脳を活性化させリフレッシュ、あごと顔の筋肉をほぐす、内耳の圧力を外気と調整する役割があると考えられています。しかし、酸素を取り込むためにあくびをするという説に、科学的な根拠はありません。実際、酸欠状態でより頻繁にあくびをすることはありません。最近の研究では、あくび直後に脳の温度が下がることから、**脳の温度がほんの少し上がるとあくびが引き起こされて、脳の温度調節に関与しているのでは**とも考えられています。

あくびには、社会的コミュニケーションの役割もあります。人、チンパンジーやライオンでは、理由は明らかではありませんが、あくびがうつることがわかっています。このため、あくびが感情の表現やコミュニケーションの役割も担うと考えられています。動物によって（カバなど）は、牙を見せることであくびが威嚇を意味することもありますが、ネコのあくびは、威嚇とは反対の意味があります。実際、ネコがあくびをしているときの顔は牙（犬歯）が見えているにもかかわらず、次ページに示したように威嚇の顔とは対照的であるのがわかります。

たとえば、ほかのネコににらまれたり、飼い主が怒ったりしているときにネコがあくびをするのは、相手に「わたしはこのとおり

第4章 ネコの行動の秘密を解き明かす

穏やかで、ケンカをする気はないですよ」という友好的な意思表示をしているのです。ネコ同士であくびがうつるかどうかは確認されていませんが、**あくびに緊迫した場をリラックスさせる効果がある**ことに間違いはありません。あくびによって脳の温度が下がるのであれば、まさに「頭を冷やす」ということでしょうか。人があくびを返してあげれば、ネコもさらにリラックスできるかもしれません。

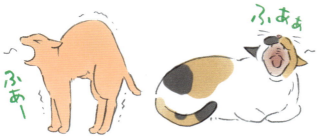

ネコがあくびをするのは、眠いときばかりではない。寝起きのあくび（左）、眠いときのあくび（右）。その場の緊張をほぐす役割もある

あくびと威嚇の表情は似ているようで対照的

🐾 あくびと威嚇の違い

	あくび	威嚇（ハーッ、シャーッ）
息	吸う	吐く
口角	大きい	小さい（鋭い）
ひげ	だらっと広がる	緊張して（犬歯を強調するため）やや後ろ向き。攻撃直前は前向き
目	閉じていることも多い	見開く
意味	友好的	威嚇

なぜ起きた後、大きく伸びをするの？

　寝起きに、大あくびをしながら**伸び**をするネコの姿もよく見られます。寝起きの伸びは、人にとっても気持ちがよいものです。大きく伸びをするのは、収縮していた筋肉や腱を伸ばして、全身の血行を良くし、酸素を全身に行き渡らせて、活動モードに備えるためです。あくびや伸びをすると脳から、脳内麻薬とも呼ばれ、気持ちを良くする神経伝達物質であるベータエンドルフィンが分泌されることもわかっているので、伸びは、まさに**心身ともにすっきりさせる効果がある**といえます。

　ネコの伸びのポーズは大きく3パターンあります。

①背中を弓なりにして高くし、背中を中心に全身を伸ばすポーズ。
②後肢はそのままに、前肢を肩から指先まで目いっぱい前に伸ばして前身を低い位置に落とし、前肢を中心に体を伸ばすポーズ。このとき、おしりとともに、尻尾も上がっていることが多く、ついでに爪をだしてカリカリすることもある。
③前肢を1歩踏みだして体を前方にもっていき、背中から後肢(左右交互か左右一緒に)を中心に体を伸ばすポーズ。このポーズからそのまま歩きだしたりする。

　寝た体勢のまま前肢を思いきり伸ばすネコもおり、そのときの気分で、さまざまな伸びのパターンがあります。人もこれらのネコの伸びのポーズを真似て、ヨーガのポーズとして利用しています。**ネコのポーズやネコの伸びのポーズ**とも呼ばれるポーズは、リラックス効果があるとしてヨーガでも大活躍です。

第4章 ネコの行動の秘密を解き明かす

ネコは伸びで活動モードに入る

ネコの伸びのポーズは、ヨーガにも取り入れられている

なぜネコは日向ぼっこが好きなの？

ネコは太陽の光をいっぱいに浴びて、**日向ぼっこ**をするのが大好きです。特に寒い季節には、窓から差し込む日差しの動きに合わせて移動することもあるほどです。ネコが日向ぼっこをするのは暖かくて気持ちがいいからですが、健康を維持するためでもあります。

まず、日光浴は皮膚や毛を乾燥させ、殺菌効果もあります。毛や皮膚が濡れた状態だと、皮膚病の原因になることもあるからです。日の当たる暖かい場所で、仰向けにゴロゴロ転がればマッサージ効果もあり、毛についた細かい土（外で寝転がっている場合）は、起き上がって身体を振ったときに、水を使わないドライシャンプーのような役目もしてくれ、皮膚に余分な皮脂分のついた部分がなくなり、外部寄生虫を減らす効果もあります。

私たち人を含め、日光浴をすることで、多くの動物がビタミンD（なかでもビタミンD_3）を合成することはよく知られています。骨の健康維持に欠かせないビタミンDは、皮膚にあるビタミンDの前の物質（前駆物質）、7-デヒドロコレステロールが紫外線に当たることで合成されます。

現代の飼いネコは日向ぼっこの必要なし？

しかし、ネコの皮膚は7-デヒドロコレステロールの濃度が低いため、紫外線によって十分なビタミンDを合成できません。このため、ネコは必要なビタミンDを、**日光浴で生成するのではなく、食餌を通して摂る**と考えたほうがよいでしょう。良質なキャットフード（総合栄養食）が手に入る現在は、飼いネコのビ

タミンDが不足することはまずないので、それほど心配する必要はありません。

こう考えると、ネコにとって日向ぼっこは、必ずしも不可欠なものではありませんが、ネコが日向ぼっこを満喫している姿を見れば、室内でネコを飼っている場合も、出窓など日当たりのいい場所に、お気に入りのスペースを確保してあげたいですよね。バルコニーがあれば、安全のため転落防止のネットを張って、ネコが出られるようにしてあげれば、外の様子も楽しめ、最高のリラックススペースとなること間違いなしです。

なお、白い毛の部分が多いネコや、耳など毛が薄い部分は紫外線の影響を受けやすく、長時間の強い日光（紫外線）によって**日光性の皮膚炎**を発症することもあるので、注意してあげてください。

ネコは、リラックスできる日向ぼっこが大好き

毛づくろいするのはなぜ？

　きれい好きなネコや、そうでないネコもいるので一概にはいえませんが、ネコは起きている時間の10～30％を、毛づくろい（グルーミング）に費やすといわれています。ネコが毛づくろいに余念がないのは、たくさんの役割があるからです。

　1つ目は、**毛並みを整え皮膚を清潔に保つ役割**です。小さな乳状突起のあるザラザラした舌で毛をきれいにとかし、古い毛や毛玉をすき取り、皮膚の汚れや外部寄生虫を取り除きます。

　2つ目は、**体温調節の役割**です。きれいに手入れされた毛は、寒い冬、毛の間に空気を含むことで保温効果が保たれます。一方、暑い夏には、なめた唾液が蒸散することで冷却効果が生じます。人のように全身で汗をかいて体温調節ができないからです。

　ネコの祖先が、もともと気温の高い砂漠で生活していたことを考えれば、毛づくろいをして体温を下げることは、ネコが生きていくために欠かせない作業だったといえるでしょう。

　3つ目は、**なめることで皮膚の皮脂腺を刺激し、皮脂の分泌を調節する役割**です。分泌された脂分は水分をはじいて水に濡れるのを防ぎ、皮膚を保護します。また、分泌された皮脂分によって、アイデンティティーともいえる自分のにおいを常に保つことができます。ネコが顔、手足の裏、尻尾の付け根や肛門の周囲などにある分泌腺から、においのする物質（フェロモン）を分泌していることは解説しましたが、毛づくろいすることによって体中にフェロモンのにおいが広がります。

　4つ目は、**マッサージ効果で皮膚の血行をよくしたり、緊張をほぐし気持ちを落ち着けるという大事な役割**です。たとえば、

着地に失敗したり、飼い主に怒られたときなど、ネコが突然毛づくろいを始めることがあります。これは、人がバツの悪いときに頭をかいたりする動作に似ています。また、52ページで解説したように、ネコ同士やネコと飼い主の相互グルーミングは、仲間のにおいを共有して絆を深める意味があります。

ネコの毛づくろいにはたくさんの役割がある、ざらざらした舌は櫛(くし)の役目

毛づくろいのやり方は？

ネコは、ごはんを食べた後や睡眠の前後に、よく毛づくろいします。普段よりもおいしいものを食べた後は、口の周りや顔の毛づくろいをより丹念にするという報告もあります。ネコは体がやわらかいので、いろいろなポーズで、体のほとんどの部分をお手入れできます。ネコが毛づくろいする様子を観察すると、**一連の順序がある**のがわかります。

基本は前から後ろです。まずは、口や鼻、そして手を舌でペロペロとなめてきれいにします。指と指の間も念入りにきれいにします。ネコの爪は鞘が何枚も重なったような構造になっていますが、外側のはがれ落ちそうになった古い鞘を前歯で取り除くこともあります。

次に、なめて唾液で湿らせた手の内側を使って、顔や耳の後ろまできれいにします。右手、左手と交互に行い、それが終われば、座ったり横になったポーズで、前肢、肩、胸、横腹をきれいにし、最後にお腹、おしり、後肢や尻尾も前方に伸ばしてきれいに毛づくろいします。毛玉ができていたり、うまく取れない部分は前歯（切歯）を使って「ガジ、ガジ」と噛むこともあります。後肢で耳の後ろなどを「カキカキ」することもあります。

毛づくろいは健康のバロメーター

子ネコは生後3週間ぐらいから徐々に毛づくろいするようになり、6週間ぐらいになれば、自分でじょうずにできるようになります。毛づくろいするときのポーズや時間、念入りに行う体の部分は、ネコ1匹1匹に個性がありますが、平均するとメスネコのほうがオ

第4章 ネコの行動の秘密を解き明かす

スネコよりも時間が長いようです。

　なお、ネコは皮膚がかゆかったり、なんらかの違和感（痛み）があれば、必然的に皮膚をなめるので、毛づくろいの時間が長くなります。アレルギー性皮膚炎、寄生虫やカビなどによる皮膚疾患をはじめ、さまざまな身体疾患が原因のこともあります。これといった理由もないのに執拗に、毛が抜けたり、皮膚が炎症を起こすまでなめ続ける場合は、退屈、欲求不満、なんらかの精神的ストレスが原因の心因性であることも考えられます。

　一方、病気やケガなどで体の具合が悪ければ、いままでよく毛づくろいしていたネコが、あまりしなくなることもあります。毛づくろいは、**ネコの心身の状態を表すバロメーター**といえます。

毛づくろいの仕方にも順序がある

ネコは体がやわらかいので、人には真似できないような体勢で毛づくろいすることもできる

ネコは生まれつきのハンターなの？

どんなネコでも、あまり大きくなく、さほど速い動きをしない獲物になりそうなもの、たとえば、ネズミ、鳥、トカゲ、昆虫などを見ると、狩猟本能に自動的にスイッチが入ります。お腹がいっぱいであっても、捕まえたいというこの衝動は抑えられません。暗い穴や隙間を見つけると、ついつい探索せずにはいられないのもこのためです。**ネコは生まれつきのハンター**なのです。

獲物の動くかすかな音をもキャッチする研ぎ澄まされた耳、暗闇でも獲物を見逃さない鋭い目、出し入れ自由な鋭い爪、獲物にとどめを刺す鋭い牙（犬歯）、爪先立ちで音も立てずに歩く四肢、しなやかな肢体と瞬発力のある筋肉……ネコの体は、獲物を捕らえるためにできているといっても過言ではありません。

室内で飼われて、一見穏やかに見える飼いネコでも、部屋に入ってきた虫や窓の外にいる小鳥などを見れば、狩猟本能が刺激されてハンターの目つきに早変わりです。

とどめを刺す技術はいちばん難しい

とはいえ、じょうずなハンターになれるかどうかは、母ネコの影響を大きく受けます。子ネコが生後4週間ぐらいになると、母ネコは初め、殺した獲物（小さなネズミなど）を、そして次第に生きている獲物を食糧として持ち帰るようになります。子ネコは獲物に、ハンティングゲームをするように忍び寄ったり、追いかけたり、低い姿勢からジャンプして手で押さえたり、爪にひっかけて放り投げたり、口にくわえたりします。どんなネコでも、これらの狩猟本能から来る動きをします。

第4章 ネコの行動の秘密を解き明かす

　しかし、獲物を円滑に捕らえるには、これら1つ1つの動きを一連の動作として、うまく組み合わせなければなりません。生まれつき狩りの才能に恵まれたネコも、そうでないネコもいますが、そうでないネコは、経験を通して少しずつ狩りの技術を磨いていきます。

　このように子ネコは、母ネコの行動を観察することで多くのことを学びますが、**獲物にとどめを刺す技術は最難関**です。兄弟ネコ同士が競って獲物を取り合うことで、獲物の咬み具合をより早く身につけることができます。生後8週間ごろになれば、小さなネズミなら捕れるようになり、さらにハンターとしての能力に磨きをかけていきます。

どんなネコにも狩猟本能が備わっている。お腹が空いていなくてもこの衝動は抑えられない

ネコがじょうずなハンターになるには、子ネコのときからの狩りの練習が欠かせない。母ネコが生きたまま巣にもってきた獲物を子ネコ同士で取り合うことで、獲物の咬み具合を早く覚えられる。子ネコは獲物を取られまいとして強く咬むが、このときとどめの刺し方を学んでいる

54

狩りのやり方は？

ネコの狩りは、大きく4つの段階に分けられます。

①かすかな獲物の動く音をキャッチし、獲物の存在を見つけ、その方角へ体を低くして静かに忍び寄ります。
②状況に応じて、スピードをだして駆け寄ったり、忍び足で近寄る。獲物が少しでも気づいた様子を見せれば、まるで「だるまさんが転んだ」で遊んでいるように、その姿勢のまま動きません。獲物との距離が十分に縮まったら、低い姿勢で様子をうかがい、跳びかかるタイミングを図ります。頭を左右に少し振り、違うアングルから見ることで正確な距離を測ります。このときは、後肢で足踏みし、おしりを振って、尻尾の先もピクピクし、獲物から決して目を離しません。
③獲物をめがけてジャンプして、左右どちらかの手で押さえつけます。ジャンプして獲物に跳びかかる直前、ヒゲは前方を向き、瞳孔が広がります。
④押さえつけた獲物を口にくわえるときは、視覚はもちろん、ひげでネズミの毛の向きを瞬時に判断します。さらに獲物をくわえあごをカチカチと素早く動かし、上下の牙（犬歯）がちょうど獲物の首筋の頸椎と頸椎の間に来るようなポジションに調整することもあります。ポジションが決まれば、ガブリとひと咬みでとどめを刺します。

食べるために獲物を捕らえる必要のあるネコにとって、狩猟は生きていくための手段です。①と②の段階に長い時間をかけて、

第4章 ネコの行動の秘密を解き明かす

やっと③の段階にこぎつけることができます。
　また、ネコは以前ネズミを捕った巣穴の場所などをよく覚えており、巣穴の出入り口からネズミが出て来るのを、辛抱強く待つこともあります。そして、ネズミが出て来てもすぐには跳びかからずに、ネズミが巣穴の出入り口から十分に離れるまでじっと待ちます。③の跳びつく一瞬で失敗して、獲物を逃がすようなことがあれば、エネルギーの大変な無駄使いだからです。
　忍者のように忍び寄ったり、獲物を捕らえる瞬発力も求められますが、**辛抱強くチャンスを待つ忍耐力が、狩りを成功させる秘訣**といえます。

狩りの仕方。辛抱強くチャンスを待つのが名ハンターの腕の見せどころ。このとき焦りは禁物だ

なぜ獲物を殺さず放り投げて遊ぶの？

　ネコは、捕らえた獲物をすぐに殺さず、もて遊ぶことがあります。特に、**食べるために狩りをする必要のない飼いネコによく見られる行動**です。捕らえて口にくわえた獲物を、いったん口から離して逃がし、逃げようとする獲物をたたいたり放り投げたり、ふたたび口にくわえたりします。

　これを繰り返して、そのうち獲物が弱って動かなくなっても、しばらくは放り投げて遊んだりし、動かない獲物に興味がなくなれば、その場を立ち去ることもあります。

　これが子ネコなら、まだ獲物のとどめをうまく刺すことができず、ハンティングの練習をしているともいえますが、成ネコがまるで獲物をいたぶって遊ぶような行動は残酷にも思え、なかなか理解に苦しみます。

　従来、捕った獲物のとどめを刺さずにもて遊ぶのは、母ネコや兄弟ネコから早い時期に離され、子ネコのときに「どうやってとどめを刺すのかを学ぶ機会がなかったため」であると考えられていました。

　ところが実際には、人に育てられ狩猟の経験がなくても、成ネコになってからネズミを殺すことを覚えるネコもおり、2〜3日空腹状態が続けば、飼いネコも含めほとんどのネコは（その場にネズミがいれば）、本能的にネズミを殺して食べるであろうと考えられています。

　しかし、獲物を殺さないのは、たんにお腹が空いていないからではなく、食餌をもらっている飼いネコは、交配を重ねるうちに、狩猟の最後の段階——獲物のとどめを刺すという欲求が薄れてし

第4章 ネコの行動の秘密を解き明かす

まったのではという見方もあります。

おいしい食餌にありつけ、飼い主に甘える、いつまでも子ネコのままである飼いネコにとっては、とどめを刺す刺激よりも、獲物で遊ぶ刺激のほうが強く、子ネコのように、**できるだけ獲物で遊ぶ時間を長引かせようとしている**のでしょう。

万が一の反撃を恐れている可能性もある

一方、獲物にとどめを刺した経験がなく、あまり自信のないネコは、**不安感から獲物に咬み付かない**と考えられています。生まれつきのハンターであるネコとはいえ、ネズミに跳びかかることはできても、ガブリと首に咬み付いてとどめを刺す作業は、あたり前のことではないからです。「窮鼠猫を噛む」ということわざがあるように、ネズミも窮地に陥れば、必死でネコに咬みつくことがあります。

ネコがとどめを刺さずに獲物で遊ぶ理由は、「お腹が空いていない」「飼いネコなのでとどめを刺す欲求が弱い」「子ネコのように獲物で遊ぶことが楽しく、長い時間遊びたい」「とどめを刺すのが怖い」などが考えられる

特に、獲物の種類によっては（大きなドブネズミなど）、自分で獲物を捕って暮らす狩猟経験が豊富なネコでも、反撃されれば致命傷を負うこともあるので、押さえつけてもすぐには顔を近づけず、咬みつきません。

　単独で狩りをするネコにとって、狩りができなくなってしまえば自らの死につながりかねません。何度も爪で引っかけては、地面にたたきつけて、獲物が動かなくなってからとどめを刺すほうが安全なのです。

　これと同じように、狩りの経験のない飼いネコなら、たとえ、それが小さなネズミであっても、まるでそれが大きな獲物であるかのように、手でたたくことはできても、顔を近づけるのが怖くてとどめを刺せないこともあるのです。

殺した獲物をもて遊ぶ？

　なお、自分で獲物を捕って暮らすネコでも、獲物にとどめを刺して殺した後、すぐには食べずに、死んだ獲物を手で空中に放り投げたりして、遊んでいるかのような行動を見せることがあります。この行動の意味ははっきり明らかにはなっていません。

　狩りの成功率は、ネコのハンティングの腕やその地域の獲物の生息数に大きく左右されますが、平均すると2～5回に一度であることから、特に大きな獲物や危険な獲物を捕らえた後は、狩りが成功に終わり、内心ほっとして**緊張や興奮、恐怖心を静めている転位行動**（ここでは**獲物で遊ぶこと**）ではないかと考えられています。

　まるで喜びのあまり、飛んだり跳ねたりして「喜びのダンス」をしているかのようにも見えますが、本当にお腹が空いているネコは、獲物をすぐに食べ、獲物で遊ぶ行動は見せません。

第4章 ネコの行動の秘密を解き明かす

とどめを刺した獲物で遊ぶ理由は、「狩りの緊張や興奮、恐怖心を静める転位行動」「狩りの成功を喜んでいる」「あまりお腹が空いていない」などが考えられる

なぜ捕まえた獲物を家に持ち帰るの？

飼いネコが、外で捕まえたネズミ、小鳥、虫などの獲物を持ち帰ることがあります。ときには、まだピクピクと動いている獲物を、得意げに飼い主の前に置いたりします。ネコの狩猟本能を満たすために食べられることもなく捕まった獲物にも、飼い主にとっても迷惑な話です。この行動には、いろいろな説があります。

まず、飼いネコが、**飼い主を子ネコに見立てて母ネコになったつもりで飼い主のために持ち帰るという説**があります。母ネコは、子ネコに獲物を食べさせるためや狩りのトレーニングをさせるために獲物を持ち帰る習性があるからです。確かにこの行動はメスネコに多く見られるのですが、オスネコ（去勢の有無にかかわらず）が獲物を持ち帰ることもあるので、その真偽が問われるところです。

次に、**いかに狩りがじょうずであるかを誇示し、自分の優位性を示すために獲物を持ち帰るという説**があります。また、たんに（食べる食べないにかかわらず）獲物を安全な場所に運んで置いておくために持ち帰る、という道理にかなった考え方もあります。獲物を殺したネコは、その場では食べずに、安全な場所に運んでから食べる習性があるからです。

いずれにしてもネコは、安心できる場所にしか獲物を持ち込まないので、飼いネコがおみやげを持ち帰れば、飼い主がネコから信頼されていることは間違いありません。

飼いネコがネズミや小鳥などを持ち帰るのをやめさせたい場合、ネコの首輪に鈴をつけると、ある程度の効果があります。獲物が音に気がついて狩りに失敗するからです。しかし、鈴を鳴らさず

第4章 ネコの行動の秘密を解き明かす

に獲物に近づく方法をも身につけてしまう優秀なネコもいるので、最近では、おもに野鳥をネコから保護する目的から、さまざまな首輪が考案されています。たとえば、7秒ごとに音が鳴る首輪(Cat Alert、英国製)や、首輪につける合成ゴム素材のよだれかけのようなもの(Cat Bibs、オーストラリア製)です。

外に自由に行ける飼いネコ150匹を対象に、鈴付き首輪と音が鳴る首輪を試した調査では、鈴をつければ、平均するとおよそ30%(鳥は40%)、音が鳴る首輪では40%(鳥は50%)持ち帰る獲物が減ったという結果がでました。つまり、音が鳴る首輪を付ければ、2羽のうち1羽の鳥を救えることになります。およそ60匹のネコを対象に行われた別の調査では、ネコのよだれかけが、野鳥の狩猟を70%近く防げたという結果もあります。

もちろん野鳥の保護も大事ですが、首輪の安全性やこれらを装着するネコの心理状態も問われるところです。首輪は、木などに引っかかって首が絞まる事故を防ぐため、一定の力が加わると外れるタイプの安全首輪を選べば安心です。

獲物を捕まえて家に持って帰る理由は、まだ明らかになっていない

飼いネコの狩猟を失敗させようという首輪も考案されている。7秒ごとに音が鳴る首輪(左)と、首輪につけるネコのよだれかけ(右)

なぜネズミと仲良しのネコがいる？

　ネコには生まれつき**狩猟本能**が備わっていますが、特定の動物——たとえばネズミや小鳥が、先天的に獲物としてインプットされているわけではありません。ネコの社会化期とも呼ばれ、あらゆることに対して柔軟な適応力のある時期（生後2〜8週間）に、ネズミを狩りの対象、獲物として認識する機会がなく、ネズミと一緒に育てられれば、そのネズミと仲良く暮らすこともあるのです。特にこの時期、母ネコや兄弟ネコから離されて触れ合う機会がなければ、**一緒に仲良く育てられた異なる種の動物を仲間と見なす傾向が高まります。**

　しかし、特定のネズミと仲良くしているからといって、そのネコが、ほかのネズミを襲わないという保証はありません。仲良しネズミと同じような色や大きさをしたネズミを襲う可能性が少なくなるようですが、絶対に襲わないとはいいきれないのです。なにかがチョロチョロ動けば、ついつい反射的に捕まえたくなるのがネコの性（さが）、もし仲良しネズミが死んでしまったとしても、実験的に新しいネズミを迎え入れるのは避けましょう。

子イヌとだけ育てられると「イヌ」になる

　獲物の対象にはならない大きさですが、子ネコのときからモルモット、ウサギ、イヌなどと一緒に育てられれば、仲間と見なして固い友情で結ばれることもあります。もちろんこの時期に、さまざまなタイプの人やほかの動物と触れ合う機会を持たせるのは良いのですが、精神的に安定して人に懐くネコに育つためには、最低でも生後8週間（理想的には12週間）まで、母ネコや兄弟ネ

コと十分に一緒に過ごさせることがもっとも大切です。

　こんな例があります。生後、ほかのネコとまったく接触がなく、子イヌの群れと一緒に育てられたネコは、成ネコになってからもほかのネコを見ると受けつけずパニックに陥り、常に仲間のイヌがいないと安心できないネコ、つまり「イヌ」に育ってしまいました。一方、子ネコと子イヌの群れ両方と一緒に育てられたネコは、**イヌとも仲良くできるけれど、自然とイヌよりもネコを自分の仲間と認めるネコとして育った**ということです。

社会化の時期に母ネコや兄弟ネコと十分に触れ合うことで、ネコとして生きることを学ぶが、この時期にほかの動物と友好的な関係を結んでいると、その動物を獲物と見なさないネコもいる

なぜチョコチョコと1日に何度もフードを食べるの？

　自然界で暮らすネコは、1日のうち獲物を探して捕らえて食べる時間におよそ3時間半を費やし、平均すると昼夜を問わず1日に10〜15回獲物を捕らえます。平均的な成ネコが1日に必要なエネルギーをまかなうには、**小さなネズミだと1日に12匹ぐらい食べなければならない計算**になり、室内で飼われているネコがチョコチョコとフードを食べたがるのも不思議ではありませんね。

　一度にたくさん食べる必要がないネコの胃は、イヌに比べると体の大きさに対して比較的小さく、小さなネズミを1匹食べればちょうどいっぱいになってしまうぐらいの大きさです。純粋肉食動物らしく、胃酸（塩酸）や消化酵素（胃酸によって活性化される）を含むネコの胃液は濃縮されており、強い胃酸は、生肉についた感染症の原因となる細菌などを殺す防御システムとしての役割も担っています。

　ネコは肉の塊などを食べるときに、頭を傾けて大げさに頭を振り、「アウッアウッ」と食べます。これは、肉の塊を左右どちらかの奥歯で噛みちぎり、残りの部分を振り落としながら食べているからです。適当な大きさに噛みちぎった肉はあまり噛まずに丸飲みします。食べたものの消化が口腔内で始まる人とは違い、ネコは**食べ物の消化が胃で始まる**ので心配することはありません。

　そのなごりからか、肉の塊を食べることのない飼いネコでも、ウエットフードを大量に口に詰め込んだり、ドライフードを「カリカリ」と噛むときなどに、頭を斜めにして大げさに振って食べるネコがいます。まるで「うまい、うまい」とうなずきながら食べているようにも見えます。

第4章 ネコの行動の秘密を解き明かす

　なお、食べたそうにしているのに、いざ食べようとすると頭を振ったり、歯になにかが挟まっているかのようにモグモグしたり、頭をどちらか片方に傾けて食べているような場合は、口内炎や歯周病（歯肉炎・歯周炎）などのサインであることもあります。特に口臭がするようなら、できるだけ早く獣医師に診てもらいましょう。

ネコは本来、奥歯で肉を噛みちぎって、ほとんど丸飲みする

飼いネコには1日に何回ぐらい食餌をあげればいいの?

　獲物を捕らえて自活するネコが、1日に10回以上食べることを考えれば、飼いネコにも1日の食餌量を一度にではなく、**数回に分けて与えるのが理想的**です。

　とはいえ、1日に10回も食餌を与えるのは現実的ではないので、ネコの年齢(ライフステージ)や活動量に合わせた必要エネルギー量、体調や食欲、飼い主の生活リズムなども考慮して食餌時間や回数(1日2～4回)を決めればよいでしょう。子ネコや高齢ネコには、消化を助けてあげるためにも、なるべく**食餌1回の量を少なめにして、逆に回数は多め**にします。

　いったん食餌時間を決めたら、**毎日同じ時間に与えるのが理想的**です。時間を決めずにドライフードを1日中出しっぱなしにしておくのは、時間のない飼い主には都合が良く、ネコはいつでも好きなときにチョコチョコ食べられるので、理想的に思われがちです。しかし、不衛生であるだけでなく、ネコがダラダラ食べる習慣がつき、肥満の原因にもなります。

　食餌を出して30分ぐらい経っても食べないようなら、フードボールをいったん片づけて、1～2時間経ってからもう一度出してみましょう。ネコを多頭飼いしている場合は、ネコの数だけフードボールを用意し、食欲旺盛なネコが早食いや横取りするようなら、少し離れた場所や、太ったネコが上がれないような高い場所、ケージなどで食餌を与えるなど工夫するとよいでしょう。

　飼い主が自分の食餌を用意してくれる時間は、獲物を捕らえる必要のないネコにとっては、もっとも楽しく、ワクワクするときです。実際、飼い主との絆が強い飼いネコは、食べるときに飼い

主が近くにいると安心するため食が進む、という報告もあるぐらいです。このため、最低でも1日2回は定期的に食餌を与え、食べる様子を見る時間をつくってあげたいものです。

　日ごろから食べ方や食べる量を観察しておけば、いつもと食べ方が違ったり、食欲があるかどうかなどにもすぐ気がつきますし、病気の早期発見にもつながります。

ネコは自由にごはんを食べられる状態なら、1日に少量を10回以上食べる。ごはんは、飼いネコにとってもっとも楽しくワクワクする時間……。いつもそっけない態度をとるネコも、このときだけは甘えてくるので、飼い主にとっても楽しい時間だ

早食いネコやエサを横取りするネコがいる場合は、少し離れた場所や、太ったネコが上がれないような高い位置にフードボールを設置するなどして工夫する。かごやダンボールなどを利用するだけでもOK

ネコはどんな味がわかるの？

　獲物を捕って食べるネコは、どんなにお腹が空いていても、長い間、日にさらされて腐ったネズミは食べません。ネコは**酸味、苦味、うま味、塩味に反応し、甘味はほとんど感じることがない**と考えられています。肉食のネコにとっては、炭水化物に含まれる甘味より、タンパク質を構成するアミノ酸のうま味が十分に含まれているか、また、腐敗した肉や毒物の酸味や苦味を感知することのほうが重要だからでしょう。

　味を感知する細胞が集まった、味蕾と呼ばれる味覚受容器は、人の舌上にはおよそ9,000個存在しますが、ネコの舌上にはおよそ500個しかありません。しかし、人より嗅覚がすぐれているネコは、においを嗅ぐだけで食べ物に対するさまざまな情報を得られます。このため、食べたくないものは口もつけずに、鼻であしらうこともあります。また、味だけでなく舌で触れたときの温度や食感もひっくるめて、食べるかどうかを判断します。

ネコは甘さを感じない？

　ネコは、ショ糖を加えた水と加えていない水を区別できないことから、ほとんどの哺乳類と違ってショ糖の味、つまり甘味を感知できないと考えられていました。しかし、少量の塩を加えた水に、ショ糖を加えたものと加えていない水を選ばせると、ショ糖の加えられた水を選ぶという研究結果もあることから、**甘味をまったく感じないわけではない**ようです。

　ネコは、人には味がないと感じられる水の味を鋭く感知できるため、たんにネコにとってはあまり重要でない、水に溶けたショ

第4章 ネコの行動の秘密を解き明かす

糖の味を無視してしまうのだろうと推測されています。実際、アイスクリームやケーキ、菓子パンなどを見ると飛んできて、「甘味を感じているのでは？」と思わせるような飼いネコもたくさんいます。もちろん、甘味ではなくバターやクリームなどに含まれる脂肪分の味や食感に反応したり、習慣化による学習の要素も大きいでしょう。

最近では、ネコが甘味を感じないのは、ネコの味蕾の甘味を感じる受容体をつくりだす遺伝子の一部が働いていないためだという興味深い研究報告もありますが、ネコの味覚はまだまだ謎に包まれています。

ネコは、酸味や苦味には敏感に反応するが、甘味には鈍感だ。肉（たんぱく質）のうま味にはちょっとうるさい

61 なぜ太り気味の飼いネコが増えているの？

ネコは、イヌに比べると食べ物に対する好みがはっきりしており、適量をわきまえて、あまりガツガツ食べないイメージがあります。実際、ネコは必要エネルギーを、ある程度自分で管理する能力を備えていると考えられています。

ネコのエネルギー源となる主要栄養素（たんぱく質、脂肪、炭水化物）の含有量が異なるフードを、さまざまな条件下で自由に選ばせると、**炭水化物の摂取量を制限し、必要エネルギーをなるべくたんぱく質、次に脂肪から摂り、栄養素の摂取量、そしてエネルギー量を本能的に調整**しているという研究結果もあります（ウォルサム研究所）。

では近年、なぜ肥満気味の飼いネコが増えているのでしょうか？　これはもう人の肥満と同じで、**食べすぎ**（過剰なエネルギー摂取）か**運動不足**（不十分なエネルギー消費）ということになります。ネコの必要エネルギーを考慮せずに、それ以上のおやつやフードを与え続ければ、ネコが太り気味になっても仕方ありません。狩りをする必要もなく、運動量の減った飼いネコが、ネズミよりもおいしいキャットフードを好きなだけ与えられれば、ついつい食べすぎてしまうのも当然です。

また、何種類ものキャットフードを混ぜて与えられたり、頻繁にフードを替えることで、必要エネルギーを自分で管理する能力がさびつく傾向にあるとも考えられています。家族の一員が帰ってくるたびに、お腹が減っているとばかりに「哀れな声」を出して何度もおやつににありつく「演技派ネコ」や、隣人からひそかに食べ物をもらっている「ちゃっかりネコ」もいるでしょう。

第4章 ネコの行動の秘密を解き明かす

ボディコンディションスコアでチェック

　肥満はさまざまな病気の原因になります。日ごろから、ネコの年齢や体重、運動量に合わせた必要エネルギーに応じて、適量の食餌を与えることが大切です。キャットフードに「体重1kgあたりの給与量の目安」が表示されている場合がありますが、肥満気味のネコに表示量を与えれば、肥満度がさらに増すことになってしまいます。

　また、ネコが理想体形であるかどうかを判断する目安があります。ネコの**ボディコンディションスコア**というもので、これをもとに、ネコが理想体形かどうかチェックしてみましょう。

・**肋骨に触れることができる**
・**上から腰のくびれが見えるか**
・**お腹に脂肪がついているか**

が、評価のポイントになります。定期的に(最低でも月に1～2回)ネコの体重を量り、理想体重、理想体形を維持することが、ネコの長生きにつながります。なお、そのネコの理想体重は1歳から1歳半のときの体重を目安にします。

ネコのボディコンディションスコア

　ネコのボディコンディションスコア(1～9)は、世界小動物獣医師会(WSAVA：World Small Animal Veterinary Association)が考案した、ネコの体形を評価するガイドラインです。理想的なネコの体形が5で、1に近づくほど痩せすぎとなり、9に近づくほど太りすぎとなります。

🐾 ネコのボディコンディションスコア

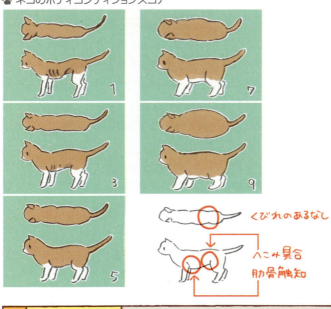

くびれのあるなし
へこみ具合
肋骨触知

1	やせすぎ (理想体重の約60%)	肋骨が見えており(短毛種)、腰椎や骨盤の一部である腸骨も容易に触知できる。体脂肪は触知できず、腹部に著しいへこみ
3	やせ気味 (理想体重の約80%)	肋骨はごく薄い脂肪に覆われ容易に触知でき、腰椎も容易に触知できる。肋骨の後ろに、はっきりとした腰のくびれがあり、腹部の脂肪はわずか
5	理想的な体形 (理想体重)	均整の取れた体形。肋骨は薄い脂肪に覆われ触知でき、肋骨の後ろに腰のくびれがある。腹部には薄い脂肪層がある
7	太り気味 (理想体重の約120%)	肋骨に中程度の脂肪がつき、触知が困難。腰のくびれはほとんどなく、腹部は丸みを帯びて中程度の脂肪層に覆われる
9	太りすぎ (理想体重の約140%)	肋骨に厚い脂肪がつき、触知できない。腰椎部、顔、四肢にかなりの脂肪沈着がある。腹部は膨張し過剰な脂肪層に覆われ、腰のくびれはない

第4章 ネコの行動の秘密を解き明かす

🐾 ネコの体重の量り方

1	ネコを抱っこして体重を量り、自分の体重を引く
2	抱っこするのが難しいネコの場合は、普段から部屋になにげなく置いてあるキャリーバッグ、小さめの箱や紙袋などにネコが入ったときを狙い、そのまま体重計に載せ、空の入れ物の重さを引く
3	体重計が家にない場合、(袋に入るのが好きでじっとしているようなネコなら)デジタル式の吊り下げ秤がお勧め。場所を取らず、安価に購入できる
4	家にある体重計、赤ちゃん用体重計(ベビースケール)やペット用体重計を利用し、おもちゃやおやつで誘導しながら量る

抱っこして量ろう

飼い主が飼い猫を抱っこして体重を量り、その値から自分の体重を引く

紙袋に入れて量り、その値から紙袋の重さを引く

デジタル式の吊り下げ秤で量る

※最低でも月に1〜2度は体重を同じ時間帯に量り、すぐに記録する。

ネコは1日にどれぐらいの エネルギーが必要？

　それでは、ネコは1日にどれぐらいのエネルギーが必要なのでしょうか？　キャットフードには給与方法（1日にあげる目安）や100gあたりのカロリー（代謝エネルギー）が表示されていますが、ネコのエネルギー必要量は、同じ体重のネコでも個体差があります。年齢（ライフステージ）、性別、健康状態、体形、活動量、去勢・避妊しているかなどによっても変わってきます。

　活動量は、ネコの品種や生活スタイル（室内飼い、外を自由に出入り、多頭飼いなど）に大きく左右されるでしょう。また、去勢・避妊手術をしたネコは、そうでないネコに比べると25～35％も必要なエネルギー量が減るという報告もあります。これまでと同じカロリーの食餌を与えていては肥満のもとです。**ネコの1日あたりのエネルギー必要量（DER）は、簡単に計算できるので**、目安にするために知っておくと便利です。

　まずは、70×体重の0.75乗で表される安静時エネルギー必要量（RER）を計算します。このRERをもとに、1日あたりのエネルギー必要量（DER）を、DER＝係数×RERという式に従って計算します。よく使われる係数は次ページのとおりです。去勢・避妊した、体重が3kgで健康な理想体形の成ネコを例にとって計算してみると、1日に必要なエネルギー量（DER）は、以下のようになります。

1日あたりのエネルギー必要量（DER）
$= 1.2 \times (70 \times 3^{0.75}) \fallingdotseq 192\text{kcal}$

　同様に、体重が4kgなら238kcal、5kgなら281kcal、6kgなら322kcalとなります。旦純に体重6kgのネコは体重3kgのネコの2

倍のエネルギー量が必要というわけではありません。参考給餌量が、実際にネコが必要とする量よりも多めに表示されていることもあるので、キャットフードに100gあたりの代謝エネルギーがカロリー表示されていれば、1日あたりの給餌量を計算します。

たとえば、「100gあたりの代謝エネルギー350kcal」と表示してあるドライフードなら、去勢・避妊した体重4kgのネコが必要な量は1日あたり68gということになります。与えるフードの量は、一度きちんと量ってカップなどに目印をつけておけば、毎日量る必要もありません。こんな計算は面倒だという人のために、ネコのカロリー計算をしてくれる親切なサイトもあるので、利用するとよいでしょう。

🐾 1日あたりのエネルギー必要量(DER)の求め方

DER＝係数 ×RER
RER＝70× 体重 (kg)$^{0.75}$
RER：安静時エネルギー必要量

同体重のネコでも、1日に必要なエネルギー量はさまざまな要素によって変わってくる。なお、1日あたりのエネルギー必要量(DER)は、維持エネルギー必要量(MER)と表されていることもある

🐾 係数

成長期のネコ　→　2.5
去勢・避妊していない成ネコ　→　1.4〜1.6
去勢・避妊した成ネコ　→　1.2
運動量の少ない / 肥満傾向の成ネコ　→　1.0
肥満気味の成ネコ　→　0.8

フードの量を計量カップで量り、1日の必要量を2〜3回に分けて与える

どんな食餌を与えれば いちばんいいの？

キャットフードについて考えてみましょう。最近は多くの情報が手に入り、専門家の間でも「ドライフードだけ与えるのはよくない」「ネコは本来肉食なので、肉を与えるべき」などと意見が分かれることもあり、飼い主さんも頭を悩ませてしまいます。どんな食餌にもメリットとデメリットがあるので、それぞれの良い点を臨機応変にうまく使い分けられれば理想的です。

基本的には**あまり1種類のフードに固執せず、栄養バランスが取れた総合栄養食と呼ばれる市販のキャットフードをメイン**にします。週に何回かなら、少しフードを減らしたうえで、肉（生の豚肉は除く※）や魚などの新鮮な食材（20％以内）をプラスしてもよいと思います。時間と興味がある人は、ネコの栄養学の知識を得たうえで、ときには手づくりフードをふるまってもよいでしょう。

その際、**ネコに与えても安全な食材であるのかをチェック**しなければなりません。たとえば、ねぎ、玉ねぎ、にんにく、アボガド、レーズン、ぶどう、カカオなどは、人には安全な食材でもネコには有害なことがあるからです。

長期にわたり、手づくりフードだけをあげる場合は、必要なエネルギー量や栄養バランスを確認しなければなりません。栄養素は不足しても過剰に摂りすぎても、健康を損ねる恐れがあるからです。たとえば、必須アミノ酸のタウリンが不足すれば、眼に障害（網膜変性）、心臓疾患（拡張型心筋症）、繁殖に支障（流産・死産など）をきたすこともあります。レバーなどを毎日与え続ければ、ビタミンAの過剰摂取となり、肝機能障害や関節強直症の原因になります。

※ 豚ヘルペスウイルスが原因のオーエスキー病に感染した生の豚肉を、ネコが食べると死に至るため。

第4章 ネコの行動の秘密を解き明かす

　バランスの取れた手づくりフードのみを与える場合でも、ネコをペットホテルや友人に預けたり、病気の療法食を食べさせなければならなかったり、また、災害などの非常時にかぎられたタイプのキャットフードしか手に入らなかったりすることなども考慮して、市販のキャットフードも食べられるようにしておくと安心です。

🐾 各フードのメリットとデメリット

	メリット	デメリット
ドライフード	・栄養バランスがよく、保存もしやすく、値段も手ごろ ・骨を噛み砕くような適当な硬さが、ネコに好まれる ・留守中などは、自動給餌器も利用できて便利	・水分含有量が少なく、水を飲まないネコは水分が不足しがちになる ・炭水化物を多く含む ・エネルギー密度が高いので太りやすい ・添加物が含まれる
ウエットフード	・自然の食餌により近い栄養バランスで、水分も十分に含まれている ・においが強く、肉のような食感のある商品もあり、ネコに好まれやすい	・1度開けると保存しにくい ・歯垢や歯石がつきやすい ・添加物が含まれる ・ドライフードに比べると割高
手づくり (火を通す)	・新鮮な素材を選べ、調理方法によってネコの嗜好(味、温度、食感)に合わせることができ、食生活にも変化が付く	・ネコに有害な食材を使ったり、栄養バランスが偏る(特にビタミンやミネラル不足)恐れがあるので、ある程度、ネコの栄養学の知識が必要 ・手間がかかる
生肉・生魚 (豚肉は除く※)	・ネコ本来の生理機能に合い、消化吸収が良く、ネコの食欲を満たす ・歯垢や歯石がつきにくい	・生肉や生魚は、鮮度や衛生に気をつけないと、病気(たとえば、サルモネラ、トキソプラズマ、寄生虫など)に感染する危険性がある

各フードのメリットとデメリット。どんな食餌にもメリットとデメリットがあるので、偏らないようにすることが大事

ネズミの体には、およそ水分が70〜75%、たんぱく質が12〜19%、脂肪が7〜12%、ミネラルが1〜4%、炭水化物が1〜2%含まれているそうだ

市販のキャットフードを選ぶポイントは？

キャットフードを選ぶポイントは、フードの栄養価、安全性、嗜好性です。ネコが必要とする栄養素（水、たんぱく質、脂肪、炭水化物、ミネラル、ビタミン）が、バランスよく配合されていることが大事です。

特にネコの体がもっとも必要とする栄養素、たんぱく質、脂肪に注目し、消化・吸収がよい**良質なたんぱく質を豊富に含むキャットフード**を与えるようにしましょう。ネコが体内で合成することができない必須アミノ酸（タウリンやアルギニンなど）や必須脂肪酸（アラキドン酸など）は、ネコの健康維持に欠かせないからです。高価なキャットフードが必ずしもよいとはかぎりませんが、極端に値段の安いものは、多量の穀物（とうもろこし、小麦粉など）や肉の副産物が含まれていることが多いので、できれば避けたいところです。

原材料名は、使用量の多い順に記載されています。個人的な意見ですが、ラベルに記載されている原材料名をチェックし、第1原材料が穀物ではなく、動物性たんぱく質であり、そしてなんの肉や魚であるのか（ビーフ、チキン、ターキー、まぐろなど）がはっきりと記載されていれば安心できると思います。

なお、ウンチの状態がフードの消化吸収率の目安になります。消化・吸収のよい高品質のフードを食べているネコのウンチは、程よい固さで小さめです。フードの消化吸収率が悪くなるほど、ウンチの量が増えます。

保存料（酸化防止剤）や合成着色料などの添加物の表示に注意して、安全なフードを選ぶことも大切です。字が小さくて見にく

かったりしますが、愛ネコのためにキャットフードのラベルを、一度じっくりと眺めて、必要事項がしっかりと表示されているかを確認しましょう。

含有量は乾燥重量に換算して判断する

キャットフードは、水分含有量によってドライフード（水分10％前後）、半生、ウエットフード（水分70〜80％）などに分類されます。パッケージの表示を見て、ドライフードのほうが、たんぱく質の含有量は多いと勘違いされることがよくありますが、ウエットタイプとドライタイプでは水分の含有量が違うので、**たんぱく質の含有量を比較するときは、水分を除いた乾燥重量に換算**しなければなりません。

通常キャットフードのラベルには、粗たんぱく質、粗脂肪、粗繊維、粗灰分、水分などの重量比が、％（パーセント）で成分表示

🐾 ラベル記載項目のチェックポイント

1	ドッグフードかキャットフードなのかわかる表示
2	ペットフードの目的（総合栄養食、間食など）
3	内容量
4	給与方法（1日や1食で与える量の目安）
5	製造年月または賞味期限
6	成分（粗たんぱく質、粗脂肪、粗繊維、粗灰分、水分の重量比を％で表示。100gあたりのエネルギー量が表示してあることも）
7	原材料名（おもな原材料を、多いものから記載）
8	原産国名
9	事業者の名前・住所

キャットフードを選ぶポイントは栄養価、安全性、嗜好性。ラベルに「AAFCO（米国飼料検査官協会）給与基準をクリア」と記載があれば、人の食品に対しての規制と同じようなレベルの審査に合格したということなので、安心の目安になる

されています。たとえば、ウエットフード100gの成分表示に水分80%（＝乾燥重量20%）、粗たんぱく質10%とあり、一方、ドライフード100gの成分表示に水分10%（＝乾燥重量90%）、粗たんぱく質30%と表示されているとします。水分を除いた乾燥重量を100%として粗たんぱく質の量を計算し直すと、それぞれ50%（ウエットフード）、33%（ドライフード）ということになり、乾燥重量あたりのたんぱく質の含有量は、ウエットフードのほうが多いことになります。

ちなみに米国飼料検査官協会〔AAFCO〕が発表している『Cat Food Nutrient Profiles』のリストでは、成ネコに必要な（乾燥重量あたりの）たんぱく質の含有量、脂肪の含有量は、最低でもそれぞれ26%、9%となっています。

原材料名	
トリ肉（チキン、ターキー）、トウモロコシ、米、コーングルテン、セルロース、チキンエキス、動物性油脂、植物性油脂、小麦、ミネラル類（カルシウム、ナトリウム、カリウム、クロライド、銅、鉄、マンガン、セレン、亜鉛、イオウ、ヨウ素）、ビタミン類（A、B_1、B_2、B_6、B_{12}、C、D_3、E、ベータカロテン、ナイアシン、パントテン酸、葉酸、ビオチン、コリン）、アミノ酸類（タウリン、メチオニン）、カルニチン、酸化防止剤（ミックストコフェロール、ローズマリー抽出物、緑茶抽出物）	

成分			
保証分析値		リン	0.40%以上
粗蛋白質	29.0%以上	マグネシウム	0.085%以上
粗脂肪	6.0%以上～10.0%以下	タウリン	0.10%以上
粗繊維	8.5%以下	カルニチン	300mg/kg以上
粗灰分	7.0%以下	ビタミンE	550IU/kg以上
水分	10.0%以下	ビタミンC	70mg/kg以上
カルシウム	0.60%以上		

あるドライフードの成分表。粗たんぱく質は29%以上、水分は10%以下とあるので、たんぱく質の含有量は29÷90≒32%以上であることがわかる

高齢ネコの食餌はどこに気をつければいいの？

　成長期を終えた動物が、通常の活動をしながら体重を維持するために必要なエネルギー量は、**維持エネルギー必要量（MER）**といいます。維持エネルギー必要量は、人やイヌの場合、年齢とともに基礎代謝や活動量が低下するため減っていきます。

　一方、ネコでは、年齢とともに減っていく維持エネルギー必要量が、活動量が増えるわけでもないのに、高齢期に入る11歳ごろから少しずつ増えていくという興味深い研究結果があります。本来ゴロゴロと寝て過ごす時間が長いネコは、高齢になってもそれほど顕著に活動量の低下が見られませんが、なぜ維持エネルギー必要量が増えるのでしょうか？

　人やイヌと違って純粋な肉食動物であるネコは、たんぱく質や脂肪をエネルギー源として効率よく利用できます。このため、キャットフードを食べて暮らすネコでも、55％以上（自然界で獲物を捕らえて自活するネコなら90％以上）のエネルギー源を、たんぱく質と脂肪から摂取しています。

　しかし、ネコが高齢期に入るとこれらの栄養素（特に脂肪）の消化率が著しく下がることが明らかになっており、**エネルギーの不足を補うために維持エネルギー必要量が増えるのではないか**と考えられています。

　エネルギー必要量が増えるのに、これまでと同じエネルギー量を摂取していれば、体重減少につながります。内臓機能の低下や、嗅覚や味覚の衰えによる食欲の低下が、さらに体重減少に拍車をかけることにもなります。もちろん、高齢期に入れば、食欲不振や体重減少はなんらかの病気（特に慢性腎臓病、内分泌系の病

気、歯周病など)のサインであることも少なくありません。このため、飼いネコが中高年になれば、飼い主の日ごろからのこまやかな観察と、動物病院での定期健診が欠かせません。

高齢ネコ用のフードってどんなフード？

　高齢ネコの健康のために「〜歳からの」「シニアネコ用」「高齢ネコ用」などと表示されているキャットフード（総合栄養食）がありますが、これらの表示に特別な規定はなく、成ネコ用の総合栄養食の基準を満たしたフードになります。

　シニアネコ用の総合栄養食は、それぞれのペットフードのメーカーが、シニア期のネコの体質の変化を考慮し、独自に工夫を凝らしたフードを開発、製品化しています。たとえば、ドライフードなら粒を小さくして口あたりをよくしたり、必要栄養素の消化吸収がよくなるように配慮されたフードであったりします。

🐾 ネコの年齢と体重1kgあたりの維持エネルギー必要量の関係

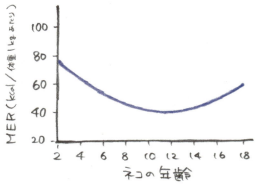

11歳を過ぎると維持エネルギー必要量がふたたび上がる。しかし、高齢ネコの栄養学については、まだまだわからないことも多い

第4章 ネコの行動の秘密を解き明かす

　また、腎臓や心臓に負担がかからないように、ミネラル（リンやナトリウムなど）の量を、また、ネコの年齢や体形に合わせてたんぱく質・脂肪・炭水化物の割合を調整したり、腸内細菌のバランスを保つ成分が配合されたりしています。

　さらに、目や心臓の健康維持に大切なタウリン、体内の活性酸素を取り除き免疫力をアップする抗酸化物質（ビタミンC、ビタミンE、ベータカロテン）や、炎症抑制効果があるといわれる必須脂肪酸（オメガ3脂肪酸）を強化したり、関節の健康を維持するためグルコサミンが配合されたフードもあります。

　しかし、実際に（AAFCOによる成ネコ期の給与基準をクリアしている）高齢ネコ用のキャットフードの成分を比較してみると、メーカーによって大きな差があることがわかります。

　飼いネコに長生きしてもらうためにも、これらのフードをじょうずに利用することはよいのですが、ネコにも個体差があります。7歳ごろから老化の兆しが顕著に表れるネコもいれば、12歳になっても理想体形を維持し、元気で若々しいネコもいます。カロリーを抑えたシニア用キャットフードは、太り気味のネコには適していますが、やせ気味のネコにとっては、カロリー面で適していないこともあります。

　「〜歳からの」というキャッチフレーズだけにとらわれず、フードのラベルの記載項目（成分や原材料名、代謝エネルギー）を必ず確認し、**自分のネコに合ったフードを選ぶことが大切**です。中高年期に入っても、健康で理想体形、理想体重をキープし、ネコが必要とする栄養素をバランスよく含んだ成ネコ用の総合栄養食を好んで食べているなら、必ずしも焦ってシニア用フードに変える必要はありません。

　ネコが高齢になってからではなく、若くて元気なうちから、ネ

コの体形(ボディコンディションスコア)をチェックし、規則的に体重を量り、理想体形・理想体重を保つことが、ネコの長生きにつながります。そのためにも、ネコのおおよその1日あたりのエネルギー必要量を把握し、体形・体重に合わせて摂取カロリー(給与量)を調整しましょう。

太り気味のネコには、低カロリー(低脂肪、高タンパク)のフードを選び、フードの与え方も工夫すれば(ドライフードなら、あちこちに隠したり、転がすと穴から少しずつ出てくるグッズを使うなど)運動量も増えます。ネコが好むなら、ドライフードよりも水分を多く含み、エネルギー密度の低い(総合栄養食の)ウエットフードのほうが、たくさん食べられ満腹感が得られるのでダイエットには適しています。なお、急激なダイエットは体に負担をかけるので、焦らず時間をかけて**1週間に1〜2%の体重減少を目指して摂取カロリーを調節**しましょう。わからない場合は獣医師に相談してみましょう。

一方、食が細くなりやせてきたネコには、少量でも十分なエネルギーが摂れるように、高カロリーのフードを選びましょう。年齢とともに消化機能や腎臓機能が衰えることを考慮して、**消化・吸収しやすい栄養価の高いたんぱく質を多く含むフードを選ぶ**ことが大切です。

高齢ネコに多い慢性腎臓病の予防には、水分を十分に取ってもらうこと、リンの摂取量を制限することが大切です。体重の減少は慢性腎臓病を進行させるリスク因子となることもわかっています。低タンパクのフードが腎臓によいと思われがちですが、腎臓に負担がかからないようにと、中高年期に入った健康なネコに低タンパクの食餌を与えて腎臓病の予防に効果があったという報告は、いまのところありません。最近の研究では、高齢期に入っ

たら、内臓機能や筋肉の維持、抵抗力を維持するためにも消化・吸収しやすい良質のたんぱく質の摂取量およびたんぱく質からのエネルギー摂取量を増やすべきであると考えられています。

　歯が抜けたり、歯やあごの力が弱くなり、硬いドライフードを食べるのが難しいネコには、お湯でふやかしてやわらかくしたり、水分の多いウエットフードを少しずつ加えるなどしましょう。食欲に応じて、1日の総量を数回(3回以上)に分けると、1回の食餌量が減るので、内臓への負担も少なくなります。また、フードを少し温めたり、フードボールを鼻先に近づけてあげたり、少し高い位置においてあげたりすると食べやすくなります。

　なお、検査によって明らかな内臓疾患が見つかれば、その疾患によって食べさせるべき食餌の成分も変わり、食餌療法が必要になってきます。必ず獣医師の診断を受けたうえで、適切な療法食を与えましょう。フードを切り替えるときは、胃腸に負担がかからないよう、いままで食べていたフードに、新しいフードを毎日少しずつ(10分の1ほど)加えて、時間をかけて切り替えます。

高齢ネコの食餌を管理するときのポイント

1	理想体形・理想体重をキープすることが健康維持につながるので、規則的な体重管理で必要なエネルギー量を調整する
2	太り気味のネコには、低カロリーのフードを選ぶ。消化のためのエネルギー消費を増やしたり、空腹時間を減らすため、1日の総量を数回に分けて与える。適度な運動も忘れないように
3	ネコがやせてきたら、ネコが好み、消化がよく高カロリーのフードを与える(嗜好性、消化吸収性、エネルギーを重視)
4	フードを少し温めたり、少し高い台の上に置くなど、与え方も工夫する
5	水を十分に飲んでいるかチェックする
6	高齢ネコに多い内臓疾患(腎臓・肝臓疾患)や糖尿病などに対しては、獣医師の診断に基づいた療法食を与える

ネコは食べ物の好き嫌いが激しい？

いくら良質のキャットフードを与えても、ネコが食べてくれなければどうしようもありません。栄養価、安全性に加えて、ネコの嗜好性に合わせたフードを選ぶことが大事です。決め手になるのは、**動物性たんぱく質（アミノ酸）と脂肪の味**です。

といっても、何匹かのネコと暮らしているとわかりますが、魚のにおいがするだけで飛んでくるネコ、魚に見向きもせずドライフードを「カリカリ」とおいしそうに食べるネコ、なかにはきゅうりや白菜などをおいしそうにムシャムシャかじったりするネコなど、ネコの嗜好性には1匹1匹個性があります。

私たちが、子供のころから食べ慣れた食品をおいしいと感じるように、ネコも赤ちゃんのときに飲んだ母ネコの母乳（母ネコが食べていたもの）や、離乳してから6カ月ごろまでに食べた味に大きく影響され、12カ月ごろまでには食べ物に対する嗜好性がはっきりします。この時期にさまざまなフードを口にすれば、新しいフードにも積極的に挑戦するようになり、反対に同じ味のフードばかり与えられれば、それ以外は口にしない偏食のネコになる可能性もあります。

また、一度食べて下痢や腹痛を経験すれば、ネコはそれを食べないほうがよいことを学習します。食べ物が嫌な感情と関連づけられれば、病気や痛みがあるときに食べたものが嫌悪感と結びつき、口にしなくなることもあります。

実際、いろいろな味のフードを食べ慣れているネコに、いままで食べていたキャットフードと目新しいキャットフードを両方半分ずつ与えてみると、ほとんどのネコがとりあえず目新しいキャ

ットフードに口をつけるという結果もあります。ネコは、**食べ慣れたものへのこだわりが強い半面、新しい味を絶えず求めるという、たいへん味にうるさい生き物**なのです。キャットフードの種類がドッグフードの種類に比べてはるかに多いのもうなずけます。

フードの変えすぎは厳禁

　ネコは食餌の摂取カロリーを大まかに把握し、必要エネルギーを自分で管理する能力があることは解説しましたが、この能力は、1種類のフードに対して最低でも3〜4週間は要するという調査結果もあるので、むやみにフードをコロコロ変えると、ネコのこの能力が妨げられ、偏食や太りすぎにつながります。

　ネコはあまりお腹が減っていないときや食餌が気に入らないときは、舌で鼻の上をペロッとなめる動作や、フードをなめたりにおいを嗅ぐ時間が増え、反対に食餌に満足であれば、口の周りをペロッとなめる動作や、顔のセルフグルーミングの時間が増えるという報告もあります。

食べ物に対する嗜好性は生後6カ月ごろまでに決まる。「イマイチ……」の舌の出し方（左）と、「おいしかった」の舌の出し方（右）の違い

フードに口をつけないのはまずいから？

いままで食べていたフードを出しても、ネコがにおいを嗅ぐだけ嗅いで口を付けなかったり、少ししか食べないことがあります。少し食欲が落ちても、普段どおり元気があり、熱（平熱は38～39度）もなく、排尿、排便もいつもと変わらないようなら、あわてる必要はありません。

デリケートなネコのこと、食器が汚れている、洗剤のにおいが残っている、または、来客、騒音、ノラネコの出没など、心理的な要因から食が進まないのかもしれません。あるいは、季節（春から夏にかけて）によって食欲がなくなることもあります。食べないとすぐにほかのフードや好物の食べ物を与えられているネコは、「食べなければもっとおいしいものがもらえる」と学習して、ほかの食べ物を期待して食べないでいることもあるでしょう。

また、獲物を捕らえて食べるネコは、栄養バランスが崩れるのを防ぐため、**意図的に同じ獲物ばかりを続けては食べないメカニズムがあるという説**もあり、飼いネコが突然、いままで食べていた食餌を食べないのも、このメカニズムが働いて栄養バランスの偏りを察知し、ほかのフードを求めているとも考えられます。

いずれしても、30分ほど経っても食べないときは、いったん食餌を片付けて、1～2時間してからもう一度出してみましょう。その間に10分ぐらいネコじゃらしなどを使って遊んであげれば、気分転換や運動になり、お腹が空くかもしれません。食器が汚れていたり、フードの風味に問題があったり、食餌の量が多すぎたりすることもあるので、清潔なフードボールに前回より少量のフードを新しく入れましょう。1時間しても食べないようなら、お腹

が空いていないと見なして食餌を片付けます。1〜2回ぐらいなら食餌を抜いても問題ありません。しかし、次の食餌の時間にも食べないようなら、いつもと違うフードを少しだけ与えてみましょう。

食餌のにおいや温度も、ネコの食欲に影響します。いつもドライフードを与えているなら(においづけに)少しウエットフードをトッピングしたり、また、ウエットフードなら嗅覚が刺激されるように電子レンジで少し温める(38度前後)とネコの食欲が増します。飼い主との関係が良好なネコであれば、指先にフードを少しつけてにおいを嗅がせると、食べだすこともあります。また、フードボールを大き目の平らな容器(ひげが触れないように)に変えてみたり、静かな場所に置いてみると食べだす場合もあります。

しかし、大好物の食べ物にもまったく見向きもしなかったり、丸1日まったくなにも口にしないようなら、病気やケガの可能性もあるので、しばらく様子を見て、場合によっては獣医師に診てもらいましょう。

🐾 ネコが食欲を失う原因

1	偏食(わがまま)
2	食餌のにおいが気に入らない
3	食餌の温度が気に入らない
4	食器が汚れている。食器に洗剤のにおいが残っている
5	栄養バランスに不満がある
6	心理的な要因(ストレス?)

丸1日、まったくなにも口にしないようなら体調が悪い

68

なぜムシャムシャ草を食べるの？

　ネコはイネ科の草を好んで食べます。**食物繊維やビタミン不足を補ったり、胃に刺激を与えて、毛づくろいのときに飲み込んでしまった毛玉を吐きだすため**と考えられています。しかし、ネコ草に対してのネコの反応には個体差があり、人がガムを噛むように、ネコも「ムシャムシャ」と草の噛み心地を楽しんでいることもあるようです。

　栄養バランスのよい食餌を与えられている飼いネコは、食物繊維やビタミン不足になることもなく、ネコ草は必ず与えなければならないものではありません。しかし、ネコが喜んで食べるなら、ネコ草を栽培するセットなどは簡単に購入できるので、ストレス解消や気分転換のためにも用意してあげると良いでしょう。

ネコに有毒な植物は厳禁

　なお、なかにはネコ草だけではなく、室内になにげなく置いた切花や観葉植物をなめたり、かじったりするネコもいます。すると、ネコが中毒症状を起こしたり、最悪の場合は死に至ることもあるので気をつけなければなりません。室内に植物を置く場合はあらかじめ、その植物のネコに対する毒性を調べておくと安心です。とはいえ、ネコが食べると中毒症状を引き起こす可能性のある植物は、現在およそ400種あるといわれています。

　いちばん良いのは、**ネコの出入りする部屋にはネコ草以外の植物を置かない**ようにすることです。室内によく飾る花や観葉植物では、アジサイ、アマリリス、アロエ、アヤメ、シクラメン、スイセン、すずらん、チューリップ、ツツジ、ポインセチア、ユ

リ、ポトス、ユッカ、ゴムの木などがネコに有害な植物です。

特にユリ科の植物は、花、花粉、葉、茎などすべての部分がネコにとって有毒で、なかには体についた花粉をなめたり、ユリが差してある花瓶の水を飲んだだけで中毒症状を示すネコもいます。部屋に飾っていたユリの花びらや葉を少しかじっただけで、急性腎不全から死に至ったネコのケースも、少なからず報告されているので注意が必要です。

🐾 ネコ草の役割

1	食物繊維やビタミン不足を補う
2	毛玉を吐きだす
3	噛み心地を楽しむ嗜好品
4	気分転換

身近な観葉植物が、ネコには思いがけなく有毒なこともある

植物に興味を示すネコにはネコ草を用意してあげれば安心だ

なぜ水道の蛇口の水を飲みたがる？

　新鮮な水が置いてあるにもかかわらず、水道の蛇口から落ちる水、花瓶の水、洗い桶にたまった水や、洗面台についた水を好んで飲むネコがいます。ネコは水を味わう感覚が大変すぐれているので、**水の温度や味に敏感に反応**します。

　ネコは、「水道水の塩素（カルキ）のにおいを嫌う」「水が冷たすぎる」「水飲み器が汚れている」「洗剤のにおいが残っている」などの理由で水を飲まないこともあります。水飲み器をお湯でしっかりとすすいだり、あまり冷たくない水や湯冷ましした水に変えると、以前より水を飲むケースが増えるからです。

　なお、チョコチョコと何度も食べる習性があるネコは、水も少量(10mℓ前後)を、1日に何度も(12～16回)飲む習性があります。

　ネズミを食べるネコなら、ネズミの体のおよそ70～75％は水分なので、あまり多くの水分をとる必要はないかもしれません。しかし、水分が10％前後のドライフードを与えられているネコは、しっかりと水分をとらないと困ります。最低でもドライフードの量の2倍（ドライフード1gにつき水2mℓ）の量の水を飲んで欲しいところです。

飲まない場合は水入れの位置や素材を替える

　とはいえ、普段より明らかに頻繁に水を飲み、おしっこの量も増えれば、泌尿器系の病気や内分泌系の病気（糖尿病など）のサインであることも。なお、ネコは高齢になると腎臓機能が低下するので、若いときよりも頻繁に水を飲みがちです。

　水をあまり飲まない場合の対策としては、少し視点を変えて、

第4章 ネコの行動の秘密を解き明かす

　水入れをフードボールから離れた場所や、床ではなく少し高いところにいくつか設置するとよいでしょう。ネコは好きな場所を選んで水を飲むことが増えるようです。

　水入れにも好みがあるネコが多いので、陶器、ガラス、プラスチック、アルミなど何種類か用意しましょう。手間がかかりますが、ネコは1匹1匹、水の嗜好性も異なるので、ネコに選んでもらうのがいちばんです。

　なお、**水の動きをおもしろがって水道の蛇口から水を飲むネコもかなりいる**ようです。そんな流水好きなネコには、電源を入れると水が循環してチョロチョロと流れ続け、ネコの好奇心をくすぐる市販の循環式給水器を試してみると、喜ぶかもしれません。

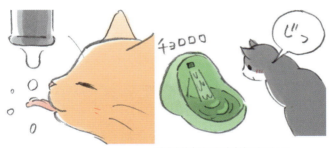

循環式給水器に興味津々のネコもいる

ネコは水の味にはちょっとうるさい。水飲み器を何カ所か分散して置き、好きなところで水を飲んでもらうとよい

ネコと流体力学の意外な関係

　なお、ネコの水の飲み方に関して、マサチューセッツ工科大学で流体力学を研究する物理学者が、2010年に論文を発表しています。ネコはボールなどから水を飲むとき、先端をやや後ろに丸めた舌を、水面を軽くなめるように突き出します。そしてその舌を口の中に戻す瞬間にできる水柱の水を、口で素早くキャッチするように飲んでいるというのです。ネコは、なるべくたくさんの水が飲めるように、どのような頻度で舌を出せばよいのか（1秒間に4回）、その重力と慣性のバランスを本能的に把握している、というのです。**ネコが水を飲む優雅な姿の裏には、流体力学が隠されていた**というわけです。

　この学者は、自分の飼いネコが水を飲む姿を見てひらめいたということなので、ネコを違った目で観察すると、いろいろな分野で新たな発見があるかもしれませんね。

水を飲んでいるネコ。ネコを飼っていれば日常的に見かける光景だが……

第4章 ネコの行動の秘密を解き明かす

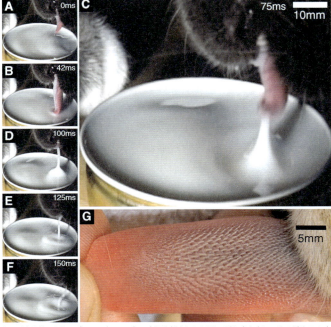

ネコが水を飲むときのプロセス（A～F）。水面を軽くなめるように舌を突き出し、その舌を口の中に戻す瞬間にできる水柱の水を、口で素早くキャッチする。Gはネコの舌の表面。水面に触れるのは舌の先端の滑らかな部分

出典／Pedro M. Reis, Sunghwan Jung, Jeffrey M. Aristoff, Roman Stocker,
"How Cats Lap：Water Uptake by Felis catus", *Science*, 330, 2010, PP.1231-1234

ネコはミルクを飲めるの？

牛舎などで暮らすネコが、絞りたてのミルクをもらって飲むのを目にしたり、そういうシーンをテレビや映画などで見たことがあると思います。そのためか多くの人の頭の中には、「ネコはミルクを好んで飲む」とインプットされています。

一方、ネコを飼っている飼い主なら「ネコは乳糖（**ラクトース**）を分解する酵素（**ラクターゼ**）が小腸でつくられないので、牛乳を与えると消化不良を起こし、下痢の原因になる」とどこかで聞いたり、読んだりしたことがあるのではないでしょうか？

子ネコが母ネコのオッパイを飲むときには、乳糖を分解する酵素ラクターゼが十分につくられるのですが、離乳とともにラクターゼをつくる遺伝子のスイッチを切るようなメカニズムが働き、ラクターゼはつくられなくなります。

しかし、離乳後も牛乳をずっと与えられたネコの小腸では、ある程度のラクターゼの分泌が維持されるなど、乳糖の許容量には個体差が見られます。人でも牛乳や乳製品の飲食後、下痢やお腹の調子が悪くなるなどの、乳糖不耐症と呼ばれる症状を示す人がいるのと同じです。

これまで飲んでいたネコならだいじょうぶだが……

人種や民族によっても大きな差があるので、乳糖不耐を示すかどうかは、長年にわたる食習慣と、それにともなう遺伝子の変化によるところが大きいと考えられています。このため、**知らない成ネコに牛乳を与えるのは避けるべき**です。

しかし、飼い主に牛乳をねだって少しもらい、いままでなんの

問題もなく牛乳を飲む習慣があるネコなら、いままでどおり少量の牛乳をあげても問題ありません。ただし、飲む量は増やさず、下痢などの症状が出れば、牛乳をストップしましょう。ラクトースの含まれていないネコ用のミルクも購入できますが、成ネコにあえてミルクを与える必要はありません。

なお、**ネコがミルクを好んで飲んでも、いつも新鮮な飲み水は用意してあげなければなりません**。また、ミルクは飲み物としてではなく、1日に摂取する食餌のエネルギー源にしっかり含まれるので、太り気味のネコには注意が必要です。

ネコの乳糖の許容量には個体差がある。子ネコのときからミルクを飲む習慣のあるネコは、成ネコになってもミルクを好んで飲む

なぜネコはマタタビで興奮するの？

ネコにマタタビのにおいを嗅がせたら突然、人（ネコ？）が変わったようによだれをたらしながら、体をクネクネして床に転がって恍惚状態に陥り、唖然とした飼い主さんも多いのではないでしょうか？

マタタビは、日本に広く分布するマタタビ科に属するツル性の植物で、葉や枝、果実に「マタタビラクトン」「アクチニジン」という物質が含まれています。マタタビ反応はこの物質がネコ科の動物の嗅覚器から脳に伝わり、感知されることにより起こります。この物質の名付け親でもある、大阪市立大学理学部の目(さかん)武雄教授が、『またたびの研究から』という興味深い研究文献を発表されたのは1964年のことですが、現在もネコとマタタビの関係の謎は、解き明かされていません。マタタビ効果には大きな個体差があり、**まったく興味を示さないネコから、泥酔状態になるネコまでさまざまです。**

まず、ネコはにおいを嗅ぎ、頭を振りながらなめたり咬んだりします。そして体をスリスリとこすり付け、地面に転がって体をクネクネします。この様子が、メスネコの発情時の状態に似ていることや、生後3カ月までの子ネコは反応しないことなどから、性成熟したネコに性的興奮を引き起こす媚薬効果があると考えられていました。

しかし、去勢・避妊した成ネコも同じように反応するので、「性的興奮」なのか「ハイになるのか」、真偽のほどはわかっていません。なお、**反応するかどうかは遺伝に起因するところが大きいこと**がわかっています。

大量に与えなければ問題ない

通常、泥酔状態は長くは続かず、10分も経てば興味もなくなり、なに事もなかったかのように「しらふ」の状態に戻り、「悪酔い」することもないようです。マタタビは葉や枝、実のほかに、液体や粉末状でペットショップなどでも購入できます。ネコが喜ぶなら、たまに少量を与えても副作用はありません。

しかし、あまり興奮しすぎて呼吸困難に陥ったケースも報告されているので、必ず適量を飼い主の管理の下で与え、その後は必ずネコの手の届かないところにしまわなければなりません。

ヨーロッパでは、あまりなじみがないマタタビですが、キャットニップやバレリアン(西洋かのこ草)にマタタビ同様の効果があるとして、ネコのストレス解消のためのおもちゃ(葉を乾燥させて小さな布製の袋に詰めたもの)や精油として市販されています。

マタタビに関しては「アジアの国々でトラをおとなしくさせるために使われていた『麻薬』で、中枢神経を麻痺させるだけでなく脳細胞をも破壊し、中毒症状を引き起こす」と記されている本(ドイツ語)もあるぐらいです。

マタタビの粉であれば、少量(0.5g)が小分けされているものだと安心

マタタビは、適量ならたまに与えても問題ない

ネコは発情するとどうなるの？

　メスネコが性的に成熟して最初に発情を迎えるのは、生まれた季節やネコ種（シャムネコやアビシニアンはペルシャネコより早いなど）によっても異なり、大きな個体差がありますが、通常は生後6〜9ヵ月です。発情する時期は日照時間の影響を受け、自然界なら通常は冬の終わりから春の始めと、春の終わりから夏の始めごろ、年に2回発情します。コロニーをつくって一緒に生活するメスネコは、ほかのメスネコのにおいに影響されるらしく、発情のサイクルが同時期になる傾向があります。これは**子育てを協力しながらするため**だと考えられています。人と暮らすネコは、室内の照明時間によって季節に関係なく発情することもあります。

　発情期は6〜10日続きますが、最初の1〜3日目はまだオスを受け入れません。発情期に交尾がなければ、発情サイクルはおよそ2〜3週間ごとに繰り返されます。いつもはオスネコに対して冷たい態度をとっているメスネコでも、発情期には性ホルモン（エストロゲン）の分泌が増え、態度がコロッと変わります。まずは、そこらじゅうにスリスリし、地面をゴロゴロ転がり、自分のにおいをこすりつけ、発情をアピールします。オスネコはこのにおいをいち早く感知し、執拗ににおいを嗅ぎ、ときにフレーメン反応をし、メスネコが近くにいれば自分の存在をアピールします。

　メスネコは媚を売るにもかかわらず、最初の数日はオスがすぐ近くに寄ってきても「ハーッ」と威嚇したり、ネコパンチで追い払ったり、逃げたりします。といっても、オスネコが追いかけてくるのをチラチラ確認しており、徐々に威嚇がなくなり、オスネコとの距離が縮まります。いよいよオスネコを受け入れる準備ができ

第4章 ネコの行動の秘密を解き明かす

たら、お腹のあたりをベッタリ地面につけ、おしりを上に持ち上げるような**ロードシス**と呼ばれる姿勢をとります。

　室内飼いのメスネコも避妊していなければ、近くにオスネコがいなくても発情します。床をゴロゴロ転がり、発情期独特の大きな声で鳴いたり、普段より飼い主に甘えてきます。食欲がなくなったり、オシッコの回数が増えたり、トイレ以外でオシッコをしたりすることもあります。背中や腰のあたりを触るとおしりを突きだすロードシスの姿勢をとります。

　一方、生後8〜10カ月ごろに性的に成熟するオスネコに発情期と呼ばれる時期はなく、発情するメスのにおい（フェロモン）や姿、鳴き声に誘われて発情します。メスネコの発情とともに、男性ホルモン（テストステロン）の分泌が増え、においづけや尿スプレーの回数も増え、自分をアピールします。

メスネコは発情すると、やたらスリスリ、ゴロゴロ転がって自分のにおいをこすりつけ、大きな声で鳴いて発情をアピールする

73 なぜオスネコは交尾のときにメスネコの首筋を咬む？

オスネコは、メスネコがOKすれば上に乗り（マウンティング）、首筋を咬み、後肢を踏んばって、足踏みするように交尾体勢を整えます。実際にオスネコのペニスが挿入されるのは、ほんの数秒ですが、経験不足のネコだとモタモタして、それまでに時間がかかることもあります。

オスネコは、メスネコができるだけ動かないように、首筋を咬みます。ネコには**首筋をつかまれると、じっとして動かなくなる習性**があるからです。母ネコが子ネコを移動させるときは子ネコの首筋を咬んで運びますが、これのなごりです。子ネコは危険を避けるために、本能的に力を抜きジッとしますが、この習性が成ネコになっても維持されているのです。オスのペニスには、とげのような小さな突起が逆方向にたくさんついており、交尾はメスネコにとって痛みをともないます。交尾のときにこのとげがメスネコの膣を刺激することで、排卵が引き起こされるメカニズムです。

交尾直後（ペニスが抜かれる）にメスネコが取る行動を調査した結果では、54％のメスネコが「ギャー」と叫び声をあげ、77％のメスネコがオスネコにネコパンチしようとし、ほとんど100％近いメスネコが陰部をなめたり地面をゴロゴロ転がったりするという結果でした。このメスネコの叫びや攻撃は、痛みのためといわれていますが、交尾はその後、何度も繰り返されるので、すぐに忘れられてしまうような瞬間の痛みなのでしょう。

また、交尾直後にメスネコがふと我に返り、オスネコとの距離があまりに近すぎて、つまり危険距離を越えて接近していたことに気がつき、攻撃しているのではという説もあります。オスネコ

は、メスネコの興奮がおさまるまで1mほど離れたところで待機し、次の交尾に備えます。

　交尾からおよそ24〜36時間後に排卵が起こりますが、メスネコは一度だけではなく1日に何度も交尾を許します。そのほうが排卵が何度も起こり、受精する確率も高まるからです。ほかのオスネコを受け入れることもあり、複数のオスネコとの受精卵が子宮に着床して、父親の異なる子ネコが同時に生まれることもあります。

A. 交尾時のメスネコは、おしりを上に持ち上げる「ロードシス」と呼ばれる姿勢をとる

B. 尻尾は左右どちらかによける

C. オスはメスの首筋を咬んで後肢を踏み込み、背中を丸め交尾の体勢を整える。交尾はわずか数秒で終わる

D. 交尾直後、メスはオスを払いのけ、陰部をなめたり地面をゴロゴロ転がったりして興奮を鎮める

オスネコのペニスにはとげがあり、テストステロンの分泌が減ると、とげがなくなる。ネコの排卵は交尾の刺激によって起こる

メスネコはどうやってお相手のオスネコを選ぶ？

ネコの密度の低い広大な地域では、ほかのオスネコを追い払った強いオスネコだけが、発情期のメスネコの近くに絶えず待機して、メスネコを独占できます。ネコの密度の高いコロニーでは、メスネコが発情期に入ると、オスネコはなるべくメスネコに近い位置を確保しようとするので、オスネコ同士がケンカすることもあります。

しかし、メスネコが交尾を許可するころになると、オスネコ同士はケンカすることもなく、**交尾中にほかのオスネコが近くで静かに待機するような姿**も見られます。大事なときにむやみにケンカなどして、無駄なエネルギーを消耗したくないのでしょう。

メスネコに一番近い場所には、コロニーの中でも優位な立場にあるボスネコが陣取りますが、メスネコはちょっとしたすきにランクの低いオスネコや、ほかのコロニーのオスネコと交尾することもあり、交尾する回数はオスネコの年齢や大きさと必ずしも比例していないようです。

父親がどのネコかわからないほうがいい？

福岡県の相の島に住むノラネコを対象に、DNA鑑定を取り入れて動物学者の山根明弘氏が行った調査では、メスネコがほかのコロニーのオスネコとの間に、多くの子ネコを生んでいたという結果もあります。これは比較的体の大きな強いオスネコが、ほかのコロニーのメスネコを要領よく訪問して、ほかのオスネコの目を盗んで交尾していた結果です。

メスネコはこのような「流れ者」に惹かれるのでしょうか？

第4章 ネコの行動の秘密を解き明かす

　これには、**直感的に近親交配を避け、より健康で生命力のある遺伝子を残そうとする能力が備わっている**という説もあります。とはいえ、メスネコが多数のオスネコと交尾し、排卵が何度か起こっても、メスネコの卵子が、どのオスネコの精子と受精するのかは、自然の成り行きに任せるしかないので、オスの精子レベルの競争ということになるのでしょうか？

　メスネコが多数のオスネコと交尾する理由としては、「オスが子ネコを殺すのを防ぐため」という説もあります。ネコの密度の高いコロニーなどでは、オスネコが子ネコを殺すことがごくまれにあります。この理由についてもさまざまな説がありますが、「ほかのオスとの間にできた子ネコを殺し、メスネコがふたたび発情するのを待って、自分の遺伝子を残そうとするため」というのが有力です。もしそうであれば、メスネコが多くのオスネコと交尾することで、子ネコの父親がどのオスであるのかはっきりしなければ、**子ネコ殺しを防げる**からです。

　とはいえ、すべてのメスネコが次々に異なるオスネコを受け入れるというわけではなく、特定のオスネコだけを受け入れ、ほかのオスネコは拒絶するメスネコもいるので、どういう基準でオスネコを選ぶのかは謎に包まれたままです。

次の順番待ち（？）をするオスネコ。お相手選びはメスネコが主導権を握る

75

ネコにも同性愛があるの？

　オスネコ同士、メスネコ同士でも、1匹が相手の上へ馬乗りになり（マウンティング）、首のあたりを咬んで、まさに交尾をするような動作を見せることがあります。

　相の島のコロニーで行われた調査では、メスの発情期に性的に興奮したオスネコは、交尾する適当な相手が見つからなければほかのオスネコに、まれにメスネコがメスネコにマウンティングすることが観察されています。しかし、異性のネコがいれば普通に交尾できるので、同性愛とはいえません。

　また、上に乗るネコの多くは5歳以上で、比較的体が大きく、乗られたネコの多くが2〜3歳の比較的体の小さいオスネコであったという結果から、「オスネコがほかのコロニーを訪問し、小さめのオスネコをメスネコと間違えた」「自分の優位性を誇示するための行動」という説があります。

　しかし、オスネコ同士のマウンティングはメスネコの発情期のみに観察され、ちょうどメスネコがほかのオスネコに求愛されているときに起こることが多かったので、**性的な欲求不満を満たすための行動**であろう、というのがもっとも有力な説です。

去勢していてもマウンティングする！？

　去勢・避妊手術をしている飼いネコが、マウンティングすることもあります。オスネコは、去勢してもすべての性的行動が100％なくなるわけではなく、特に交尾経験後や、1歳を過ぎてから去勢手術をした場合、尿スプレーや、飼い主の腕や脚、毛布やぬいぐるみなどにマウンティングすることも珍しくありません。

複数のネコを飼っていれば、身近にいるほかのネコがその対象になることもあるでしょう。

また、性的衝動とは関係ないスキンシップや遊びの一環として、ほかのネコにマウンティングすることもあります。上に乗るのはほとんどの場合が体が大きくて優位な立場のネコなので、自分の優位性を誇示しているとも考えられます。

マウンティングの回数があまりにも多かったり、マウンティングされるほうのネコがおびえているようなら、しばらくの間、2匹を隔離したり、おびえるネコが隠れられる場所をたくさんつくってあげるなど工夫しましょう。マウンティングするネコが甘えてくるなら、撫でたり、十分にスキンシップの時間を取り、優位なネコがマウンティングしそうなときには、人が間に入り、遊びに誘うなどして十分に体を動かす時間を取ることも大切です。

なお、去勢したオスネコが性行動を示すのは、まれに**潜伏睾丸**（睾丸が陰嚢内に下垂していない状態）により性ホルモンが分泌されていたり、腫瘍などによる性ホルモンの過剰分泌が原因であることもあります。

同性ネコ同士のマウンティングには、性的欲求不満、スキンシップや遊びの一環、優位性を誇示、性ホルモン分泌の異常など、さまざまな理由が考えられる

避妊しないとネコの数はどれぐらい増える？

「ネコの繁殖を自然に任せるとどうなるか」という1つの統計があります。1匹のメスネコが1年間に2回交配して出産し、それぞれ2.8匹ずつの子ネコが生き延び、そのうちのメスネコがおよそ6カ月で性的に成熟して、よそのオスネコと交配、同様に年に2回交配して、それぞれ2.8匹ずつの子ネコが生き延びる……という前提です。もちろん、実際にはネコの数をこんなふうに単純計算することはできませんが、**10年後には1匹のメスネコから8,000万匹以上のネコが生まれる**ことになります。

ネコ自身への危険（交通事故、ネコ同士のケンカによるケガや感染症、迷子、虐待）や近隣への迷惑を考えると、ネコは室内で飼うのが望ましいのですが、ネコを屋外に自由に出入りさせて飼っているような場合、不幸な子ネコを増やさないよう、飼いネコには必ず去勢・避妊手術を受けさせなければなりません。

ネコを完全室内飼いしている場合も、交配を望まないのであれば、最近はネコに去勢・避妊手術を受けさせる理解のある飼い主が増えています。去勢・避妊手術は、望まない子ネコが生まれるのを防ぐためだけでなく、ホルモンにかかわる生殖器の病気（子宮蓄膿症や乳腺腫瘍、精巣や睾丸の腫瘍など）を予防したり、発情期の肉体的・精神的なストレスを取り除いて、ネコが平穏に暮らせるようになるなど、さまざまなメリットがあります。

特にオスネコの場合、尿スプレー、脱走、大きな声で鳴く、ほかのオスネコとのケンカなど、飼い主を困らせるような行動が減り、性格も穏やかになることが多くなります。**去勢・避妊手術をしないメリットはほとんどありません。**

第4章 ネコの行動の秘密を解き明かす

ただ、去勢・避妊手術をするとエネルギー必要量が減るので、いままでと同じカロリーの食餌を与えていると肥満になりやすい点は注意が必要です。

一匹のメスネコから…

1年後　12匹
2　66
3　382
4　2,201
5　12,680
6　73,041
7　420,715
8　2,423,316
9　13,958,290
10年後　80,000,000匹以上!

ネコの繁殖を自然に任せるとネズミ算式に増える

出典:バイエルン州動物保護連盟

COLUMN 04

ネコが高齢になったサインは？

　人と同様、ネコも中高年に入る7歳を過ぎたころから「年をとったなぁ」と思えるような変化が、体や行動に少しずつ見られるようになってきます。若く見えるネコでも、高齢期に入る**11歳ごろには、なんらかの老いのサイン**が見られます。たとえば、視覚・聴力・嗅覚が衰え、皮膚の弾力性が低下し、毛並みにも変化（毛づやがなくなり、薄くなったり白くなるなど）が現れます。目ヤニやよだれが増えたり、歯周病が悪化して歯が抜けたり、爪がもろくなったり、爪とぎもサボりがちで爪が伸びすぎることも。内臓も老化し、臓器の衰えや免疫力の低下も確実に進んでいきます。

　筋肉が減り関節も衰えてくるので瞬発力がなくなり、いままで上がれていたところにもジャンプできなくなったり、トイレに間に合わず失敗して粗相をすることもあるでしょう。毛づくろいや爪とぎをする時間、運動量が減り、眠っている時間が増えてきます。昼と夜のサイクルが狂い、夜中に訳もなく鳴き続けたり、トイレの場所がわからなくなったり、食べたことを忘れて食餌をねだるなどの認知機能障害の症状が現れることもあり、老齢期に入る15歳ごろには老化のサインはさらに顕著になっていきます。

　年齢とともに基礎代謝※が低下して、若いころと同じ食餌を与えていると太りやすくなります。このためネコの肥満は4〜10歳（特に6〜8歳）に多く見られます。とはいえ、健康なネコでも11歳を過ぎるころにはやせる傾向にあり、老齢期に入ればさらに体重が減り「2匹に1匹のネコがやせすぎ」という報告もあります。**太るよりもやせることが本当の老化のサイン**でしょう。

※ なにもしなくても生命活動を維持するために使われるエネルギー。

第 5 章

ネコの体の秘密を解き明かす

抜き足 差し足 忍び足〜
と〜

ネコの体はなぜやわらかいの？

　ネコの骨格は、小さい体にもかかわらず人より40本ほど多い240本前後の骨で構成され、筋肉の数も、人のおよそ2倍の500個以上にも及びます。

　ネコの脊椎は前方から頸椎(7個)、胸椎(13個)、腰椎(7個)、仙椎(3つ結合)および尾椎(14〜28個)と、およそ50個の椎骨が連結してできています。ちなみに人の脊椎は、頸椎(7個)、胸椎(12個)、腰椎(5個)、仙椎(5つ結合)および尾椎(3〜6個)と、およそ33個の椎骨からできています。

　ネコは人よりも胸椎や腰椎の数が多いので、人に比べると背中が長いことになります。椎骨と椎骨の間にはクッションの役割をする軟骨でできた椎間板が一種の関節を形成し、各々の椎骨はこの関節と靱帯でつながっています。**ネコの椎骨をつなぐ関節はとても緩やかに連結しており、靱帯も柔軟でしなやかです。**

　脊椎の数が、尾椎以外は同じであるイヌと比べても、ネコの脊椎は、特に胸椎と腰椎が柔軟性に富んでおり、弧を描くことができるほど背骨をしなやかに曲げられます。イヌは前から2番目の第2頸椎と第1胸椎とが、弾性力のある靱帯でしっかりと固定されていますが、ネコにはこの靱帯がなく、これもネコの首の動きが柔軟な要因になっています。

　また、骨格筋を構成するのは、自分の意思で動かすことができる随意筋と呼ばれる筋肉ですが、ネコの随意筋は筋繊維(筋細胞)とその周りの結合組織が緩やかに接着しているので、収縮力が強くて柔軟です。

　このように軽量で柔軟性に富むしなやかなネコの体ですが、な

第5章 ネコの体の秘密を解き明かす

んといっても**脊椎の柔軟さ**が、ネコのクネクネぶりの大きな要因といえるでしょう。

🐾 ネコの脊椎

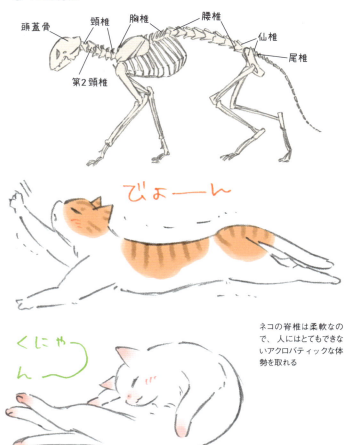

ネコの脊椎は柔軟なので、人にはとてもできないアクロバティックな体勢を取れる

ネコの毛の種類は？

　細くてやわらかい毛をネコっ毛といいますが、ネコの体毛は**上毛**(ガードヘア)と呼ばれるまっすぐの長い毛と、短めの**下毛**で覆われています。下毛はさらに、上毛より細めで毛が先端に向かってやや太くなり先が曲がって尖った**芒毛**(オーンヘア)と、フワフワしていちばん細く少しウェーブがかかった毛である**柔毛**(ダウンヘア)に分かれます。

　通常は1つの毛包から1本の上毛と複数の下毛がまとまり、1つの毛穴から複数の毛が生えています。この毛穴がネコの皮膚1cm²につき100〜600個ありますが、毛の本数はネコ種や体の部分によっても大きく異なります。

　いちばん硬くて長い(太さおよそ0.05〜0.08mm)外側の毛であり、ネコの毛色の決め手ともなる上毛の重要な役割は、肌を紫外線や刺激から守り、毛包付近にある皮脂腺から分泌される脂分の助けで水分を弾き、乾いたきれいな状態にしておくことです。

　皮膚に密着するいちばんやわらかくて短い柔毛(太さおよそ0.02mm)は、暑いときには断熱、寒いときには空気の層をつくって保温効果を発揮します。柔毛は体毛全体に占める割合がもっとも多いフワフワの毛です。長さ、太さや硬さが上毛と柔毛の中間で、上毛とともにネコの被毛の模様を決めるのに大事な芒毛にも、肌の保護や断熱・保温効果があります。

　毛包1つ1つには、**立毛筋**と呼ばれる小さな筋肉があり、威嚇時(26ページ)や、寒いときなどには、この筋肉が収縮することで毛が逆立ちます。毛の長さや成長周期、3種類の毛の比率はネコ種やネコの出身地によっても大きく異なり、長毛種のノルウェ

第5章 ネコの体の秘密を解き明かす

ージャンフォレストキャットなど、寒い地域出身のネコには保温効果がある柔毛が多く、一方、短毛種のシャムネコなど暑い地域出身のネコに柔毛はほとんどありません。目安としては、短毛の雑種ネコで、上毛、芒毛、柔毛の割合が、およそ1:15:25であったという調査結果があります。

毛質には個体差があり、短毛種のネコでも触りごこちが硬く、ゴワゴワしているネコもいれば、やわらかくてフワフワのネコもいます。やわらかな毛も、年齢とともに毛の質が変わったり、本数が減ったり、毛づくろいもおろそかになることで、毛がボサボサしがちになります。

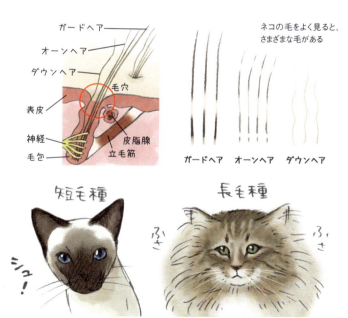

シャムネコ（左）とノルウェージャンフォレストキャット（右）

ネコのすさまじい ジャンプ力の秘密は？

フワフワでやわらかく、寝てばかりいるネコの姿からはとても想像できませんが、ネコは突如として驚くほどのジャンプ力を見せ、人を驚かせます。

しゃがんだ状態から後肢を一気にバネのように伸ばし、助走なしで目標めがけて体高の4～5倍もの高さ（1.2～1.5m）までジャンプできるといわれています。身長のおよそ1.3倍の跳躍（走り高跳び）が人の世界記録といわれているので、ネコの身長を80cmとしても、**どのネコも人の世界記録を難なく破っている**ことになります。

この力強いジャンプは、後肢の強靭な筋肉と腱、柔軟な背中や関節の動きがたくみに組み合わさった結果、生み出されています。跳躍力は、踏み切り時の速度が速いほど大きくなりますが、この速度には、**後肢の長さと筋肉の大きさ**が関係しています。

ネコがしゃがんでいるとわかりませんが、体重が4kgの成ネコの後肢は、伸び切った状態で平均するとおよそ28cmです。尻尾を除く体長（鼻先から尻尾の付け根まで）が平均50cmとすると、後肢の長さは体長の半分以上で、意外に肢が長いことがわかります。

ジャンプ時には、股関節を伸ばす筋肉、膝関節を伸ばす筋肉、足首の関節を伸ばす筋肉が特に重要です。後肢の長さが長いほど、そしてこれら後肢の筋肉が大きいほど、踏み切り時の速度が速くなり、より高くジャンプできるというわけです。

このため筋肉の量が減り脂肪の多い肥満気味のネコや、年齢とともに関節が硬くなり筋肉の量も減ってくる高齢ネコは、ジャンプ力が衰えてきます。

第5章 ネコの体の秘密を解き明かす

　ネコは目標を定めたら視線をそらさず、座った姿勢からジャンプする直前に腰を落とし、地面を瞬時に力強く蹴って、上体を上に押し上げるように目標に向かって跳躍します。

　しかし、ネコは目標を定めなくても、びっくりしたときなど、その場でジャンプして跳び上がることがあります。怖いときなどは後ろも確認せず、いきなり後ろにジャンプしてなにかにぶちあたったりすることもあるので注意が必要です。

ネコのジャンプ力はすごい。狙いを定め、後肢をバネのように使って一気にジャンプする

① しゃがんだ状態
② 上体を上げジャンプの踏み切りの瞬間
③ 胴体と後肢が伸び切った状態

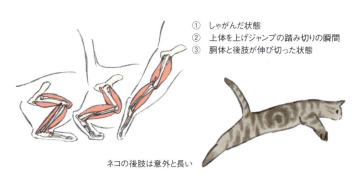

ネコの後肢は意外と長い

なぜ高いところから落ちてもうまく着地できる？

　ネコが高いところから落ちたとき、普通に考えれば体のほうが細い手足より重いので、背中からズドンと落ちそうな気がします。しかし、ネコは少しぐらい高いところから仰向けの状態で落ちても、ほとんどの場合、空中で体を反転させて向きを変え、四肢でうまく着地できます。背中から落ちても、ネコはまず地面のほうを見ることができるように瞬間的に頭をひねり、顔を保護するために前肢を顔の近くに引きます。

　次に頭の動きにともなって体の上半身をねじり、続いて落下の後半は、身をねじって反転させ、後肢を引きます。力が入った尻尾はプロペラのようにバランスをとる役割を果たし、空気抵抗が生じるように四肢をムササビのように広げます。

　着地直前には衝撃をやわらげるため背中を丸め、衝撃の力が分散されるように四肢をつっぱって着地体勢をとります。もちろん肉球も着地時の衝撃を吸収するのにひと役買います。

　まさに、**頭から尻尾の先まであらゆる部分をフルに使い、瞬時に体勢を立て直す反射神経**を持っているといえます。この反射神経は、生まれながらに備わっており、子ネコも生後6〜7週間ぐらいになれば、このネコ宙返りができるようになります。

　このネコ宙返りは、生理学者だけでなく多くの物理学者にとっても大きな謎であり、100年以上も前から研究（回転運動の運動量について）の対象になっていたようです。1960年には、「ネコが宙返りに要する時間は8分の1秒であり、わずか8cmのところから背中から落ちても四肢で着地できる」ことがわかりました。

　その後も、ネコ宙返りにどの感覚器官が重要であるのかを知る

第5章 ネコの体の秘密を解き明かす

ため、目隠ししたネコ、尻尾のないネコ、生まれつき内耳がなく耳が聞こえないネコで、ネコ宙返りができるかどうか試されました。ネコの内耳には平衡感覚や方向感覚をつかさどる、高感度ですぐれた三半規管があり、これが大きな役割を果たしているであろうと考えられていたからです。

この実験では、目隠ししたネコは少し危なっかしい着地を見せ、尻尾のないネコ、耳が聞こえないネコは無事に着地できたそうです。しかし、耳が聞こえないネコに目隠しすると、そのまま背中からズドンと落ちたそうです。

ネコ宙返りは、小さな体と柔軟な骨格、視覚、すぐれた平衡感覚、そして敏捷な反射神経や運動神経など、すべての要素が組み合わさって初めて成功するといえます。

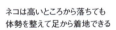

ネコは高いところから落ちても
体勢を整えて足から着地できる

まるでムササビのように飛ぶ

ネコの高所落下症候群とは？

　ネコの**高所落下症候群**(Feline high-rise syndrome)とは、ネコが高層マンションの窓やバルコニーから落下して受ける外傷の名称です。最近は、高所落下症候群で動物病院にかつぎ込まれるネコが増えています。

　欧米の動物病院で高所落下症候群の治療を受けたネコの統計データがあります。これによると落下事故は、遊びに夢中になったり、刺激(小鳥など)につられたりしやすい好奇心旺盛な2歳ぐらいまでの若いネコに多く、時期は春から秋(特に夏)にかけて頻繁に起こることがわかっています。

　治療を受けたネコの落下した平均階数は3〜5階で、四肢の骨折や脱臼、胸部や頭部の外傷、ショックなどの症状が多かったと報告されています。

人より遅い終端速度がポイント

　落下する物体は空気抵抗などを受けて、最終的に終端速度と呼ばれる一定の速度に落ち着きます。ネコは人に比べると体が小さいので、体重あたりの表面積が大きくなります。これにより、落ちるときの空気抵抗が大きくなるため、**人の終端速度がおよそ時速190kmであるのに対し、ネコの終端速度は時速100kmほど**になります。

　ネコが建物の5〜6階から落下するとこの終端速度に達するので、それ以上高いところから落ちてもケガひとつしなかったネコの実話はたくさんあります。2012年3月には、ボストンで高層マンションの19階(約60mの高さ)から落ちたにもかかわらず、ケガひとつ

しなかった幸運なネコが話題になりました。

ニューヨークの動物病院での統計では、「ネコの負傷率は落下した階数が高いほど多くなるが、7階以上の高さでは逆に負傷率は少なかった」と報告されています。これは落下時に終端速度に達すれば、ネコは少しリラックスして余裕で体勢を整えられるためではないかと考えられています。

一方、より最近のクロアチアやギリシャの動物病院の統計では、階数が高くなればなるほど、特に7階以上になると負傷率が高くなると報告されています。

2階から落ちて死ぬネコもいる

どの動物病院も治療したネコの90％以上が生き延びたと発表していますが、実際には中程度の高さの階（2～5階）から落ちて動物病院で治療を受けたネコの数がもっとも多く、高い階から落ちて治療を受けたネコは数自体が少なかったので、落下後に死亡して動物病院には来なかったという可能性もあります。

無事であるかどうかは、ネコによっても個体差があり、落下した高さだけでなく、着地した場所の条件（コンクリートか芝生かなど）によっても変わってくるでしょう。

ネコがいくら宙返りが得意とはいえ、実際にマンションの2階ぐらいの窓やベランダから誤って落ち、骨折したり死んでしまったネコもいるので、落下防止用のネットを張るなどして、事故が起こらないように気をつけなければなりません。

ネコは高いところが好きですが、自発的に下に飛び降りたいとは思っていません。その証拠に、イヌに追いかけられたり、なにかに夢中になって木に登ったあげく、降りられなくなって、人の手を借りてやっと降りることができたネコはたくさんいます。

なぜネコは狭いところを通れる？

ネコの胸部は、13個の胸椎、それにつながった肋骨、そして胸骨からコンパクトに形成されています。

ネコの鎖骨は胸骨の前方辺りにある、長さ2〜5cmぐらいの少し曲がった細長い骨ですが、肩甲骨やほかのどの骨ともつながっておらず、宙に浮いたような状態です。筋肉に支えられているだけなので、役割はありません。

ちなみにイヌの鎖骨はもっと退化していて、長さはわずか1cm、幅4mmほどの小さな骨です。ネコと同じように宙に浮いたような状態で存在するか、またはなくなって存在しないこともあります。

ネコやイヌの肩甲骨は、薄く平らな三角形の骨で、胸部の側面に縦方向（やや斜め）に筋肉で支えられるように位置します。

ネコの肩甲骨と人の肩甲骨は大きく違う

人の肩甲骨は背中側にあり、横に広がっています。鎖骨の外側端は、肩甲骨・上腕骨とつながり、鎖骨の内側端は胸骨とつながっています。つまり、鎖骨によって肩が胸郭から離れた位置に保たれています。

一方、**ネコの肩甲骨は、筋肉で体の側面につながっているだけ**なので、上腕骨の動きに合わせて、前後・上下に、そして横にもある程度動かせます。またネコの肋骨で囲まれた胸郭は、人のようにあまり左右に広がっておらず、縦長です。

このような体のつくりのため、ネコは頭が入れば狭いところでも通り抜けられるわけです。

第5章 ネコの体の秘密を解き明かす

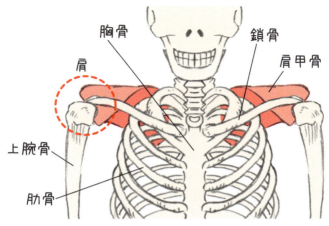

人の肩甲骨は鎖骨と上腕骨につながっている。鎖骨は胸骨につながっている

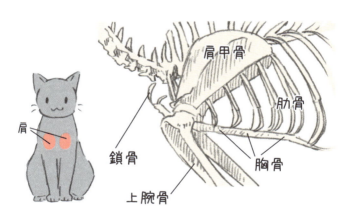

ネコの胸部の骨。鎖骨は退化して、どの骨ともつながっていない

なぜネコはイヌより
ネコパンチが得意？

　イヌとネコは、胸部の骨格のつくりがほとんど同じですが、ネコは両手で物をつかもうとしたり、素早いネコパンチをくらわしたり、イヌよりも前肢を器用に使えます。

　イヌの場合は犬種によっても体の大きさやつくりに大きな差がありますが、一般的にネコのほうが骨格が軽く、特に四肢を構成する長い骨が、イヌに比べるとまっすぐです。また、**ネコの骨格筋は、イヌに比べると収縮スピードが速く、瞬発力にすぐれています**。瞬発力にすぐれた速筋（白筋）が、収縮スピードは遅くても疲れにくく持久力にすぐれた遅筋（赤筋）よりも多いからです。

　前肢は、イヌの肩甲骨（けんこうこつ）が多くの筋肉や腱によって固定されているのに対し、ネコの肩甲骨は、体の側面に緩やかに固定されています。また、イヌの肩の関節は内側と外側の両方からピンと張った靭帯で、しっかり固定されています。このような構造から、ひじや手首を動かす角度はイヌとネコでは同じくらいなのですが、**肩の関節はネコのほうが柔軟に動かせます**。

　肩の関節は、イヌが前後に125～145度動かせるのに対し、ネコは170～190度ほど動かせます。横にはイヌが肩の関節を80～100度動かせるのに対し、ネコは100～120度動かせます。ネコが頭と背骨をほとんど動かさずに獲物へ忍び寄ったり、速く走れるのも、肩甲骨が上腕骨の動きとともに、前後・上下に大きく滑らかに動くからです。

　イヌもネコも歩くときには、前肢に半分以上の体重がかかりますが、ネコよりイヌのほうが前肢に体重をかけることも、ネコが前肢を自由に動かしやすい要因に挙げられます。もちろん自由に

第5章 ネコの体の秘密を解き明かす

出し入れできる爪が、ネコパンチのとっておきの武器になることはいうまでもありません。

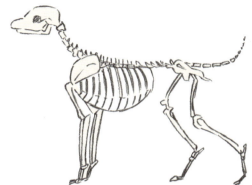

🐾 イヌの骨格

🐾 ネコの骨格

イヌとネコの骨格の違い。ネコの肩の関節は、イヌに比べて柔軟

ネコはネコパンチが得意

ネコの爪は出し入れ自由なの？

　ネコの爪は、獲物を捕らえたり、ケンカするときの武器として、また木登りするときなどに不可欠です。一方、獲物に忍び寄るときには、爪を引っ込めて、足音を立てないようにしなければなりません。

　ネコの爪は、人の爪とは構造がまったく違い、指のいちばん先端の骨とつながっています。爪は、爪と指の骨をつなぐ腱や靱帯が引っ張られて、緊張したり緩んだりするメカニズムによって**出し入れが自由自在**です。

　普段は収納されている爪ですが、ネコは自分の意思で爪を出せます。指を内側に曲げるときに力が入る筋肉（屈筋）とつながる腱が引っ張られてピンと張った状態では、鋭い刃のようなすべての爪が、それぞれ左右の手から同時に飛びだします。

　一方、屈筋が緩んだ状態では、指の1番目と2番目の骨をつなぐゴムのように弾力性のある靱帯によって、これらの骨が重なるような形となり、自動的に爪が収納されます。

ネコに爪とぎは欠かせない

　爪を絶えず鋭い状態にしておくには、お手入れも欠かせません。ネコの爪は、内側の血管や神経の通った部分と、外側の何層も重なって鞘状になったような部分からできています。

　本来、前肢の爪は木登りや爪とぎを使って爪を研ぐことで、後肢の爪は歯でガジガジ噛むことで、古く硬くなった**外側の層**がはがれ、新しい鋭い爪が顔をだします。家の中に、爪が脱皮したような抜け殻が落ちているのはこのためです。

第5章 ネコの体の秘密を解き明かす

　爪とぎは爪のお手入れのほかにも、爪とぎと同時に、肉球にある汗腺や指の間にある皮脂腺から分泌される自分のにおい（フェロモン）をこすりつけるマーキングの役割や、緊張やストレスをやわらげる役目もあります。

　室内で飼っているネコでも、本来、爪とぎをする場所を何カ所かしっかり用意してあげれば、爪のお手入れはネコにまかせておけばよいのですが、なかにはあまりマメにお手入れをしないネコもいます。特にネコも高齢になると爪とぎをサボるだけでなく爪がはがれにくくなってくるので、**定期的な爪のチェックが必要**です。

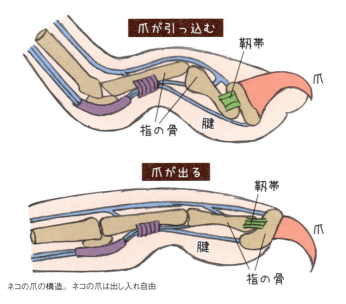

ネコの爪の構造。ネコの爪は出し入れ自由

キャットウォークの秘密は？

　ネコと人の手足の骨格を比べると、ネコは指に体重をかけ、つま先立ちで歩いていることがわかります。この歩き方は、静かにより速く歩けるのが特徴です。クッションとなって音を吸収する肉球（にくきゅう）や、出し入れ自由の爪も、ネコが音も立てずに歩けることにひと役買っています。ネコは歩いたり走ったりする速度によって、いろいろな肢の動かし方をします。

　一般に、四つ肢で歩く動物は、右前肢と左後肢、同様に左前肢と右後肢をペアに、ほぼ同時に地面から上げて着地する**斜対歩**（しゃたいほ）か、右前肢と右後肢、左前肢と左後肢を同じように運ぶ**側対歩**（そくたいほ）という歩き方をします。しかし、ネコが歩く姿を観察しても「どっちかはっきりわからない……」という方も多いのではないでしょうか？　実際、ネコの歩き方は、本によって斜対歩とも側対歩とも説明されています。それもそのはず、ネコは歩く速さによって、肢の動かし方を変え、ネコによって個性もあるので、一概にはいえないのです。

　ネコの歩き方は基本的に側対歩なのですが、実際には後肢の着地と前肢の着地が明らかにワンテンポずれており、どの肢も同時には着地しておらず、斜対歩とも側対歩ともいえません（通常のウォークの場合）。後肢を基準にスローモーションで見てみると、後肢を前に踏み出し、同じ側の前肢が押し出されるような感じで、つまり、左後肢、左前肢、右後肢、右前肢という順番に着地しますⒶ。このように、ネコは1本ずつ肢を着地させるので、体の上下の揺れがほとんどなく、狭いところも難なく歩けるのです。この歩き方は、瞬間をとらえれば斜対歩に見えるので、斜対歩と

第5章 ネコの体の秘密を解き明かす

説明している本もあるのでしょう。獲物に気づかれないように忍び寄るときも、同じような肢の動かし方をします。忍者のように体を低くして、1本ずつ肢を着地させ、音も立てずに忍び寄ります。

速足になるとネコは完全な側対歩になります。つまり、右前肢と右後肢、左前肢と左後肢をほぼ同時に地面から上げて着地します❺。そして、スピードが増すにつれ、安定感があり、疲れにくい斜対歩が多くなります❻。

さらにスピードを出してネコが全速力で走るときは、左右の後肢をほぼ同時に踏み込み、ジャンプするような感じで背骨を前方に大きく伸ばして体を押し出します❼。そして、前方に大きく振り出した左右の前肢で着地するやいなや、後肢を前肢より前方に着地し、背骨を丸めて次の踏み出しに備えます。四肢は地面に着いているよりも空中にある時間のほうが長く、ネコは短距離なら、この走り方で全力疾走すると時速48km——すなわち**100mを7.5秒で走れる**ので、100m9秒台という人の世界記録をはるかに上回ります。

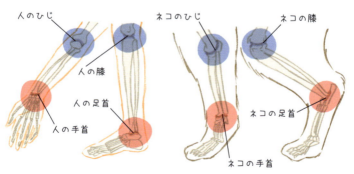

ネコと人のひじ、手首、膝、足首の位置の違い。ネコは爪先立ちで歩く

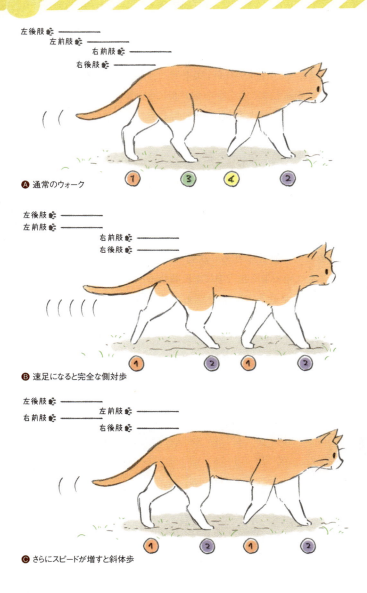

左後肢
　左前肢
　　　右前肢
　　右後肢

Ⓐ 通常のウォーク

左後肢
左前肢
　　　右前肢
　　　右後肢

Ⓑ 速足になると完全な側対歩

左後肢
右前肢　　左前肢
　　　　　右後肢

Ⓒ さらにスピードが増すと斜体歩

———— それぞれの肢が地面についている時間を表す

第5章 ネコの体の秘密を解き明かす

体を低くした斜体歩で歩く忍び寄り

❶ 全力疾走では両方の後肢を蹴り上げて、前にジャンプするように走る

肉球はなんのためにあるの？

まず、肉球の名前ですが、前肢の5本の爪のところにある肉球を**指球**、真ん中の大きな肉球を**掌球**、少し上の、手首のちょうど裏辺りにある小さな肉球を**手根球**と呼びます。手根球は後肢にはなく、4本の爪のところに**趾球**が、真ん中に大きな**足底球**があります。ネコの肉球のブニョブニョした部分は、たくさんの弾性繊維を含む結合組織と脂肪からできており、表面はぶ厚い角質層からなる皮膚で覆われています。

やわらかそうでついつい触りたくなるネコの肉球ですが、かわいいだけでなく**たくさんの役割**があります。

体の皮膚にはさまざまな刺激、たとえば、触圧（触れる感覚）、温度（熱い、冷たい）、痛みなどを感じるたくさんの受容体が存在し、感覚神経を通してその情報が脳へ伝えられます。ネコは触覚が人に比べてそれほど鋭くなく、人なら熱すぎるであろう暖房の前にも長時間座っていたりします。

敏感な肉球は高性能センサー

しかし、ネコの肉球と顔（特に鼻）にはこれらの受容体がたくさん存在するため、肉球は体のほかの部分より敏感です。見たこともないような奇妙な物体に遭遇すると、ネコは通常、まず、手（肉球）で軽く触れてから、今度はもう少し強く触ってその存在を確かめようとします。次に鼻を近づけます。歩くときにも、肉球にある受容体から脳に絶えず情報が送られています。

肉球のおかげで、獲物に近づくときは音も立てずに静かに忍び寄れ、ジャンプして着地するときにはクッション代わりになって

衝撃をやわらげてくれます。爪先立ちで地面に触れる面積が少ないとスピードがでますが、スピードを落とすときには肉球の表面積を広げてブレーキの役割もします。

また、ネコの体には汗腺(かんせん)がありませんが、肉球にはあり、暑いときや緊張した後などには汗をかきます。湿った肉球は不安定な場所を歩くときに、滑り止めの役割もします。

なお、肉球にはさまざまな色がありますが、通常は鼻や皮膚の色、毛色の濃さや模様などと関連しているようです。子ネコのときにはやわらかい肉球も年齢とともに硬くカサカサになり、特に外に出て硬いところを歩くネコの肉球は、ある程度鍛えられて頑強になります。

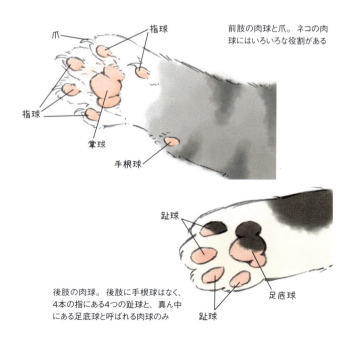

前肢の肉球と爪。ネコの肉球にはいろいろな役割がある

後肢の肉球。後肢に手根球はなく、4本の指にある4つの趾球と、真ん中にある足底球と呼ばれる肉球のみ

ネコの前肢にひげが生えているのはなぜ？

前肢の後ろ側、手根球の少し上には、明らかに長い毛が数本（およそ6本ほど）生えています。この毛は感覚器であるひげと同じ触毛です。ひげには、空気のわずかな流れを感知して障害物を察知したり、獲物を口にくわえるときに向きを瞬時に判断したりする役目があります（16ページ参照）。

「手のひげ」は、自律神経系に支配されているため、顔のひげのように自分の意思では自由に動かせませんが、神経伝達物質であるアドレナリンの分泌によって感度が増し、**とりわけ狩りをするときに敏感に反応して活躍する**と考えられています。

以前は、手のひげは、ネズミの巣の大きさを把握したり、巣に手を突っ込んだときにネズミを素早く察知するためという説がありました。しかし現在は、捕らえた獲物を手で触れたときに獲物が手に隠れて見えないので、獲物のどの部分がどんな動きをしているのかを素早く「見る」役割があると考えられています。

特に手で押さえつけた獲物が死んでいるかどうかを判断し、もし急に動き出すようなことがあれば瞬時に察知して、獲物の逃走を防ぐのがもっとも重要な役割です。

もちろん、「手のひげ」は、暗闇で歩いたり、木登りしたり、着地するときなどにも、毛が触れることで地面の障害物をいち早く感知します。

また、災害が起こる前の警戒システムとして、たとえば、「地震のわずかな地面の揺れを、精密な計器が検知するよりも素早く、肉球にある刺激を感じる受容体とともに感知する」という説もあるようですが、真偽のほどは定かではありません。

第5章 ネコの体の秘密を解き明かす

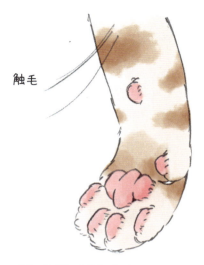

前肢の後ろ側、手根球の少し上に、
ひげと同じ触毛が数本生えている

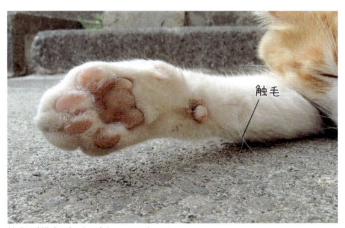

触毛が手根球の少し上に生えているのがわかる

ネコに帰巣能力や飼い主を探し当てる能力はあるの？

いまから60年ほど前、シュガーという名のペルシャネコが、飼い主のカリフォルニア州からオクラホマ州への引っ越しの際、カリフォルニア州で行方不明になってしまいました。しかし、およそ1年後に、引っ越し先のオクラホマ州の家族の前にシュガーが現れたのです。

この話はいまでも語り継がれています。シュガーはオクラホマに行ったことがないにもかかわらず、約2,400kmもの距離を歩いて（？）家族のもとにたどり着いたというのです。

多くの人は、飼い主がネコに会いたいという強い願望から、「違うネコなのにそう見えただけだ」と疑いましたが（同じような種や毛色のネコはたくさんいるので）、シュガーが生まれつき抱えていた股関節の骨の変形部分が、決定的な証拠になったようです。

これほどの遠距離ではなくても、長い距離を旅して飼い主のもとにたどり着いたネコの実話は、今日に至るまで驚くほどたくさんあります。ネコには遠く離れた場所から巣（家）に帰ることができる**帰巣能力**や、**飼い主を探し当てる能力**が本当にあるのでしょうか？

ネコも地磁気を利用して帰巣する

人や動物は、外界の刺激を五感（視覚、聴覚、嗅覚、味覚、触覚）を通して知覚しますが、多くの動物にはそれに加え第六感ともいえる地磁気を感知する**磁気感覚**があると考えられています。そのメカニズムについては完全には解明されていませんが、たとえば、渡り鳥が移動する能力や、多くの動物が地震などの災害を

第5章 ネコの体の秘密を解き明かす

地磁気の微妙な変化を感知して事前に察知できるのも、この感覚のためではないかと考えられています。

ほとんどのネコは5km以内の行動範囲なら、視覚、聴覚、嗅覚などを使って、頭の中で一種の地図のようなものをつくり、場所をしっかりと覚えられます。それ以上の距離になると、地磁気を感知し、目的地への正しい方向をある程度定める、体内コンパスのような磁気感知能力がネコにも備わっていることが、磁石をつけるとネコの帰巣能力が妨げられたという実験からも証明されています。

とはいえ、家のほんの近くでも迷子になってしまうネコもたくさんいるので、この能力には大きな個体差があるようです。

現在の科学では説明できない力がある？

動物にはさらに、第六感をも超えた科学的には証明できない第七感ともいえる超感覚的知覚が存在すると考える学者もいます。英国の生化学者、ルパート・シェルドレイクは、ペットと人との間に精神的な強い絆が存在すれば、「モルフォジェネティク・フィールド（形態形成場）」という、過去の世代の記憶をも含む、時間や空間を超えたつながりが生じ、お互いに離れていても影響し合うと考えています。

飼い主が帰途にあることをイヌやネコが（五感を使わずに）察知したり、飼い主の病気や死を離れていても予知したり、驚くほどの遠距離から飼い主を探し当てることができるのも、この超感覚的知覚のためであると説明しています。

科学的に証明できなくても、逆に科学的には証明できない（4,500以上にも及ぶ）多くの事例があるからこそ、このような能力の存在も否定することはできません。

人の死を予知できるネコがいるの？

　ネコ好きの方なら、特別な能力を持った「オスカー」という名のネコの話を耳にしたことがあるのではないでしょうか？　オスカーは2005年、米国の東海岸に位置するロードアイランド州の介護・リハビリセンターに、子ネコのときに拾われて以来「一職員」として、この建物の3階に暮らしているネコです。

　とりわけ人に懐いているわけでもないオスカーは、重度の認知症患者が多い3階を毎日のように見回り、部屋のドアが開くのを待ち、ベッドの上に上がり、患者の傍で鼻をヒクヒクさせてにおいを嗅ぎます。しかし、患者の死を感じたときだけは、傍にただただ静かに寄り添うのです。オスカーは、**患者の死をおよそ4時間も前に予測できる**というのです。

　オスカーが13人目の患者の死を確実に看取ったころには、懐疑的だった医師や職員の誰もが、オスカーのこの不思議な能力を疑うことをやめ、オスカーが付き添う患者の家族を呼び寄せるようになりました。オスカーのおかげで、多くの患者が、医師にも予測が困難であった最期のときを、家族に看取ってもらえることができるようになったということです。

なんらかのにおいで「お迎え」を予言できる？

　このセンターの患者を受け持つデヴィッド・ドーサという、決してネコ好きではない医師が、オスカーの不思議な能力を2007年に医学雑誌に発表して以来、オスカーの名は世界中に知れ渡りました。

　医学雑誌に発表されたのは、センターでのオスカーの1日の様

第5章 ネコの体の秘密を解き明かす

子が綴られた2ページにも満たないエッセイで、くわしいデータやオスカーが持つ能力の理由については一切触れていませんでした。にもかかわらず、ひたすら任務を果たす1匹のネコ、オスカーの存在に、多くの人が惹きつけられました。

ドーサ医師は、オスカーが患者のにおいを嗅ぐので、患者の「死のにおい」、たとえば、**細胞が死に至る段階で生じる化学物質、ケトンのにおいを嗅ぎ分けているのではないか**と後日語っていますが、オスカーが患者の最期のときに付き添う理由は、謎に包まれたままです。

2010年、ドーサ医師はオスカーについての本を執筆し、それが映画化され、さらに有名になったオスカーですが、以前となんら変わることなく、現在も元気でこのセンターに「勤務」しているそうです。

リラックス中のオスカー。ネコには不思議な能力があるのかもしれない

出典/steerehouse 〜 Oscar the Cat
http://www.steerehouse.org/shoscar_landing

高齢ネコが快適に過ごせる環境は？

　ネコも高齢になると、視力や運動能力の衰えとともに、若いときは軽々とジャンプして飛び乗っていた場所への移動に失敗するようなこともでてきます。そんなときは段差を小さくして上りやすくしてやると、ネコの自尊心を傷つけません。トイレを段差のない行きやすくて落ち着ける場所に置いたり、数を増やしたり、入り口をまたぎやすいように床との差を低めにしたり、トイレ自体を大きめのものにしてやるなどすれば、トイレの失敗も少なくなります。排尿・排便の様子もチェックしましょう。寝ている時間が長くなるので、季節に応じて温度調節にも気を遣い、ネコの好みに応じて静かで快適な寝場所をいくつか用意しましょう。

　また、ストレスに対する許容度が低くなり、環境の変化に適応する能力も衰えてきます。**規則正しく穏やかな生活**が、ネコに安心感を与えます。大きなストレスになるようなこと──ネコを連れた旅行、引っ越し、新入りネコを迎えること──などは避けましょう。来客などの予定がある場合は、誰にも邪魔されない、安心できる逃げ場（隠れ場所）を必ず用意してあげましょう。

　飼い主との絆が強いネコなら、**毎日のスキンシップやお手入れ**も安心感を与えます。ネコを撫でたりブラッシングしながら、毛や爪の状態、口の中、体に腫れものができていないかなどをチェックすれば、病気の早期発見にもつながります。状態に応じて、目ヤニを取ったり、伸びた爪を切ってあげましょう。

　ネコが年をとって「寝ているだけだから」と放っておかず、**精神的な刺激を与えるのも大切**です。名前を呼んだり、体調に応じて毎日少しでも体を動かすように遊ぶ時間を取り入れましょう。

《 参 考 文 献 》

Beaver Bonnie V, *Feline Behavior : A Guide for Veterinarians*, Saunders, 2nd edition, 2003

Houpt Katherine A, *Domestic Animal Behavior*, John Wiley & Sons, Fifth edition, 2011

Laflamme Dottie, Zoran Debra L, *Veterinary Clinics of North America : Small Animal Practice Volume 44, Issue 4 : Clinical Nutrition*, Elsevier, 2014

Leyhausen Paul, *Katzenseele : Wesen und Sozialverhalten*, Franckh Kosmos Verlag, 2005

Morris Desmond, *Catwatching : Die Körpersprache der Katzen*, Heyne Verlag, 2000

Nickel R, Schummer A, Seiferle E, *Lehrbuch der Anatomie der Haustiere, Band I : Bewegungsapparat*, Paul Parey, 1992

Pfleiderer Mircea, *Katzenverhalten : Von der Wildkatze zur Hauskatze Mimik, Körpersprache, Verständigung*, Franckh Kosmos Verlag, 2014

Sheldrake Rupert, *Der siebte Sinn der Tiere*, Fischer Verlag, 2012

Turner Dennis C, Bateson Patrick, *The Domestic Cat : The Biology of its Behaviour*, Cambridge University Press, 2nd edition, 2000

《 おもな参考論文、引用論文 》

目 武雄, "またたびの研究から", 化学教育, 12, 1964, pp.16-22.

Allada R, Siegel J.M, "Unearthing the phylogenetic roots of sleep.", *Curr Biol*, 18, 2008, pp.670-679.

Cafazzo S, Natoli E, "The social function of tail up in the domestic cat (Felis silvestris catus).", *Behav Processes*, 80, 2009, pp.60-66.

Crowell-Davis S.L, Curtis T.M, Knowles R.J, "Social organization in the cat: a modern understanding.", *J Feline Med Surg*, 6, 2004, pp.19-28.

Dosa David M, "A day in the life of Oscar the cat.", *N Engl J Med*, 357, 2007, pp.328-329.

Horwitz D, Soulard Y, Junien-Castagna A, "The feeding behavior of the cat.", *Encyclopaedia of Feline Nutrition by Royal Canin*, 2008, pp.439-477.

Laflamme D, "Nutrition for aging cats and dogs and the importance of body condition.", *Vet Clin North Am Small Anim Pract*, 35, 2005, pp.713-742.

Lesku J.A, Roth T.C, Rattenborg N.C, Amlaner C.J, Lima S.L, "Phylogenetics and the correlates of mammalian sleep: a reappraisal.", *Sleep Medicine Reviews*, 12, 2008, pp.229-244.

McComb K, Taylor A.M, Wilson C, Charlton B.D, "The cry embedded within the purr.", *Curr Biol*, 19, 2009, pp.507-508.

Morris Paul H, Doe C, Godsell E, "Secondary Emotions in Non-Primate Species? Behavioural Reports and Subjective Claims by Animal Owners.", *Cognition and Emotion*, 22, 2008, pp.3-20.

Nicastro N, Owren M.J, "Classification of domestic cat (Felis catus) vocalizations by naive and experienced human listeners.", *J Comp Psychol*, 117, 2003, pp.44-52.

Reis P.M, Jung S, Aristoff J.M, Stocker R, "How cats lap: water uptake by Felis catus.", *Science*, 330, 2010, pp.1231-1234.

Sparkes A.H, "Feeding old cats-an update on new nutritional therapies.", *Top Companion Anim Med*, 26, 2011, pp.37-42.

Whitney W, Mehlhaff C.J, "High-rise syndrome in cats.", *J Am Vet Med Assoc*, 191, 1987, pp.1399-1403.

WSAVA Nutritional Assessment Guidelines Task Force Members, "WSAVA Nutritional Assessment Guidelines.", *J Feline Med Surg*, 13, 2011, pp.516-525.

Yamane A, "Male reproductive tactics and reproductive success of the group-living feral cat(Felis catus).", *Behavioural Processes*, 43, 1998, pp.239-249.

Yamane A, "Male homosexual mounting in the group-living feral cat (Felis catus).", *Ethology Ecology & Evolution*, 11, 1999, pp.399-406.

索引

あ

暗黙のポーズ	24
威嚇ポーズ	26、27
維持エネルギー必要量	153、159、160
上毛(うわげ)	192、193
オーシスト	44
オーンヘア	192

か

ガードヘア	192
学習	12、28、32、40、81、87、112、147、164、166
勝ちのポーズ	24～26
葛藤	22、23
汗腺	205、211
危険距離	54、55、88、89、180
帰巣能力	214、215
グルーミング	50、52、53、64、65、80、81、95、126、127、165
毛づくろい	50～52、65、66、94、106、118、126～129、168、188、193
肩甲骨	200～202
虹彩	11
高所落下症候群	198
喉頭	30
虎耳状斑(こじじょうはん)	15
個体距離	55、88、89
骨格筋	190、202
コロニー	70～75、178、182～184

さ

磁気感覚	214
指球	210、211

た

下毛(したげ)	192
社会化期	90、91、140
社会的距離	54～56、69、88、89
斜対歩	206、207
集合体	70
終端速度	198、199
手根球(しゅこんきゅう)	210～213
狩猟本能	42、84、130、131、138、140
瞬膜	112
掌球(しょうきゅう)	210、211
触毛	16、95、212、213
水晶体	11
睡眠サイクル	110～112
生化学物質	46
潜伏睾丸	185
側体歩	206
足底球	210、211

た

ダウンヘア	192
タペタム	10
短毛種	150、193
中枢性パターン発生器	30
長毛種	192
爪とぎ	46、47、68、188、204、205
転位行動	64、136、137
瞳孔	10、11、14、24、26、132
逃亡距離	54、55、88、89
トキソプラズマ症	44

な

乳糖不耐症	174
尿スプレー	48、49、72、179、184、186
ノンレム睡眠	110～113

は

尾椎	20、190
フェリニン	48
フェロモン	46、48、49、126、179、205
フレーメン反応	48、49、178
分泌腺	46、50、78、79、126
ベータ・エンドルフィン	32
芒毛（ぼうもう）	192、193
ホームテリトリー	56〜61、65、68、69
ホームレンジ	56、58〜60、68、70、71
ボディコンディションスコア	149、150、162

ま

マーキング	46、48、49、57、60、205
マウンティング	180、184、185
負けのポーズ	10、24〜26
マンクス	20、21
味蕾	146、147
毛包	16、26、192
網膜	10、11

や・ら

ヤコブソン器官	49
喜びのダンス	136
ラクターゼ	174
ラクトース	174、175
ランクづけ	56、72〜75
立毛筋	26、192
レム睡眠	110〜113
ロードシス	179、181

サイエンス・アイ新書 発刊のことば

「科学の世紀」の羅針盤

20世紀に生まれた広域ネットワークとコンピュータサイエンスによって、科学技術は目を見張るほど発展し、高度情報化社会が訪れました。いまや科学は私たちの暮らしに身近なものとなり、それなくしては成り立たないほど強い影響力を持っているといえるでしょう。

『サイエンス・アイ新書』は、この「科学の世紀」と呼ぶにふさわしい21世紀の羅針盤を目指して創刊しました。情報通信と科学分野における革新的な発明や発見を誰にでも理解できるように、基本の原理や仕組みのところから図解を交えてわかりやすく解説します。科学技術に関心のある高校生や大学生、社会人にとって、サイエンス・アイ新書は科学的な視点で物事をとらえる機会になるだけでなく、論理的な思考法を学ぶ機会にもなることでしょう。もちろん、宇宙の歴史から生物の遺伝子の働きまで、複雑な自然科学の謎も単純な法則で明快に理解できるようになります。

一般教養を高めることはもちろん、科学の世界へ飛び立つためのガイドとしてサイエンス・アイ新書シリーズを役立てていただければ、それに勝る喜びはありません。21世紀を賢く生きるための科学の力をサイエンス・アイ新書で培っていただけると信じています。

2006年10月

※サイエンス・アイ（Science i）は、21世紀の科学を支える情報（Information）、
知識（Intelligence）、革新（Innovation）を表現する「 i 」からネーミングされています。

SB Creative

サイエンス・アイ新書
SIS-324

http://sciencei.sbcr.jp/

ネコの気持ちがわかる
89の秘訣

「カッカッカッ」と鳴くのはどんなとき?
ネコは人やほかのネコに嫉妬するの?

2015年2月25日 初版第1刷発行

著　者　壱岐田鶴子
発行者　小川 淳
発行所　SBクリエイティブ株式会社
　　　　〒106-0032 東京都港区六本木2-4-5
　　　　編集:科学書籍編集部
　　　　　　　03(5549)1138
　　　　営業:03(5549)1201
装丁・組版　クニメディア株式会社
印刷・製本　図書印刷株式会社

乱丁・落丁本が万一ございましたら、小社営業部まで着払いにてご送付ください。送料小社負担にてお取り替えいたします。本書の内容の一部あるいは全部を無断で複写(コピー)することは、かたくお断りいたします。

©壱岐田鶴子 2015 Printed in Japan ISBN 978-4-7973-5946-6

SB Creative